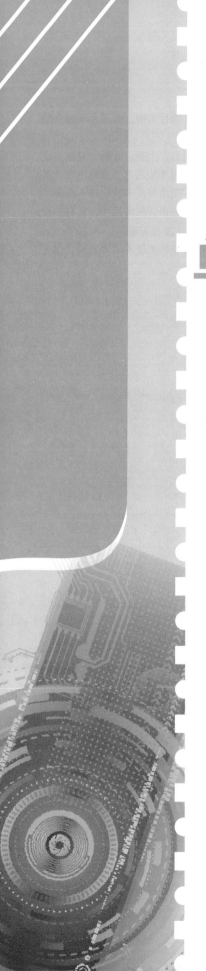

"十四五"职业教育国家规划教材

"十四五"职业教育江苏省规划教材

单片机控制技术项目实例教程

（第2版）

主　编　徐自远　吴　玢

副主编　黄　明　孙雪蕾　蒋华平

参　编　胡　剑

主　审　范次猛　潘　和

U0288363

北京理工大学出版社

BEIJING INSTITUTE OF TECHNOLOGY PRESS

内 容 简 介

本书以实践为主线，以任务驱动的形式，通过丰富的典型实用的 C 语言项目实例，由浅入深地介绍了 51 单片机的各种应用开发技术。

本书所选项目覆盖了 51 单片机的主要应用技术，包括输入/输出、定时器、中断、数码管显示、点阵显示、液晶显示、直流电机、步进电机、串行口、A/D 转换、D/A 转换、机械手应用等方面的内容。本书编写时以"够用、适用"为原则，注重了 C 语言基础知识的讲解；通过不同编程技术的比较，加强了编程方法的讲解；通过介绍新技术应用，拓宽了知识面。本书所有的项目具有很强的实用性，所有的程序代码都在 YL-236 单片机实训考核装置和 Proteus 仿真软件上调试成功，便于读者实施。

本书适合作为职业院校机电、电子、自动化、计算机等专业的教学用书和相关技术培训教材，也可供从事 51 单片机项目开发人员参考使用。

图书在版编目（CIP）数据

单片机控制技术项目实例教程 / 徐自远，吴玢主编
. -- 2版. -- 北京：北京理工大学出版社，2019.11（2024.8重印）
ISBN 978 - 7 - 5682 - 7778 - 5

Ⅰ. ①单… Ⅱ. ①徐… ②吴… Ⅲ. ①单片微型计算
机 - 计算机控制 - 高等学校 - 教材 Ⅳ. ① TP368.1

中国版本图书馆 CIP 数据核字（2019）第 240615 号

责任编辑： 陈莉华　　　**文案编辑：** 陈莉华
责任校对： 周瑞红　　　**责任印制：** 边心超

出版发行 / 北京理工大学出版社有限责任公司
社　　址 / 北京市丰台区四合庄路 6 号
邮　　编 / 100070
电　　话 /（010）68914026（教材售后服务热线）
　　　　　　（010）68944437（课件资源服务热线）
网　　址 / http：//www.bitpress.com.cn

版 印 次 / 2024 年 8 月第 2 版第 5 次印刷
印　　刷 / 定州启航印刷有限公司
开　　本 / 787 mm × 1092 mm　1 / 16
印　　张 / 17.5
字　　数 / 400 千字
定　　价 / 45.00 元

前言

FOREWORD

党的二十大报告提出："教育是国之大计、党之大计。培养什么人、怎样培养人、为谁培养人是教育的根本问题。育人的根本在于立德。"本书根据《国家职业教育改革实施方案》深化职业教育"三教"改革的有关要求，采用校企合作开发形式，按照教育部颁布的电子信息工程技术专业以及应用电子技术专业核心课程单片机应用技术课程的教学要求，同时参考无线电调试工、维修电工等职业资格标准编写。本书既可以作为专业教材，也可以作为电工电子技术相关岗位培训用书。

本书采用项目式结构，配套开发信息化资源（超星幕课学习平台，精品课程资源网站）和教学项目，能跟随产业升级情况及时调整更新，适应混合式教学、在线学习等泛在教学模式的需要，其主要编写特点如下：

（1）本书以党的二十大精神作为编写工作的行动指南。在项目案例中都有其对应的思政切入点与思政元素，从而推进党的二十大精神入脑、入心、入行。编者通过把握系统性原则，整体统筹、分类实施、协同推进、开放发展；通过把握有机性原则，以"基因式"植入教材、"生态式"融入教案、"化学式"融入教法；通过把握实践性原则，以 9 个实际工程项目为载体，整合实践资源、丰富实践内容、推进实践教学改革、完善支持机制，把党的二十大精神有效融入本课程的实践体系内。

（2）努力贯彻"以就业为导向"，坚持"做中学，做中教"的教学理念，将单片机控制技术的理论与实践融为一体，教材内容吸收了许多优秀教师和工程技术人员在单片机控制技术方面的实际应用经验，突出以能力为本位，重视学生的知识形成规律，将知识的传授与职业能力的培养有机结合，培养学生的单片机应用能力。

（3）内容选择贴近生活实际。淡化单片机芯片内部的结构和组成，强化单片机的接口应用技术，把抽象的知识理论转化为具体的操作技能，使"做学教一体化"的教学模式得以实现，增加了教材的亲和力，有利于激发学生学习兴趣。

（4）紧密结合教学装备编写，以全国职业院校技能大赛设备 YL-

236型单片机实训考核装置为载体，理论和实践一体，做学教合一，教学目标达成率高。

（5）注重学生对知识的评价，且课程评价方式更注重学生综合素质的提高、岗位技能的掌握以及专业知识的综合运用，为他们毕业之后与工作岗位的无缝连接创造了有利的条件。

（6）共设置9个训练项目，每个项目都有经过验证的参考程序和详细的参考步骤，各校可根据当地社会企业对相关从业人员的具体要求及学校教学安排自主选择教学项目，以体现差异性。

本教材由全国单片机控制装置安装与调试赛项专家组核心成员徐自远老师与全国单片机项目优秀指导教师吴玢担任主编，嘉善县职业中等专业学校黄明、镇江高等职业技术学校孙雪蕾、江苏省武进中等专业学校蒋华平担任副主编。由徐自远老师执笔编写了绪论、项目4、项目8、项目9及全书统稿；由苏州工业园区校吴玢老师编写了项目6、项目7；由黄明老师编写了项目5；由孙雪蕾老师编写了项目1；由蒋华平老师编写了项目2；由盐城机电高等职业学校胡剑老师编写了项目3；由江苏省无锡交通高等职业技术学校范次猛教授与浙江亚龙科技有限公司潘和（企业专家）高级工程师校审了全书。

由于时间仓促，编者水平有限，书中错漏在所难免，敬请读者提出宝贵意见和建议。

本书中各项目思政切入点汇总表

知识模块	切入点	思政元素	教学方法
项目1 乒乓球游戏控制器的制作	乒乓球流水灯	乒乓球国球的历史，激发民族自豪感	案例启发、主题讨论
	C语言程序编程的学习难度与我国乒乓球发展史关联	国乒健儿台上一分钟，台下十年功	图片展示
项目2 数码管电子钟的制作	内部定时器知识	诚信守时的职业道德和职业素养	知识关联
	动态数码管"视觉暂留"特点	通过学习明白"眼见都未必为实"的道理，做人要务实，通过亲身实践掌握真相	
项目3 简易电子密码锁的制作	外部中断相关知识	工匠精神、团队合作意识。在同时接收到多项学习、工作任务时，做到统筹规划、高效协作	案例启发
	密码锁制作知识点（硬件选型）	责任意识和环保意识。选取元器件既要满足要求又不能浪费	
项目4 LED点阵显示屏广告牌的制作	点阵屏芯片的国产化路径	胸怀中国心 培养"芯"人才，芯片是工业粮食，是关系国家安全的国之重器。学生不仅要掌握研发芯片的相关知识，还要讲责任使命，让至诚报国、心系社会的时代担当精神深深扎根在心灵深处	知识关联
项目5 12864液晶万年历的制作	国庆日期倒计时	迎国庆，爱祖国	知识关联
项目6 食品搅拌机控制器的制作	电机控制程序的编写	食品安全与责任担当，心系社会的时代担当精神	案例启发
项目7 数字电压表的制作	单片机AD采集	逐次逼近AD采样与一步一个脚印的工匠精神相联系	知识关联
项目8 数字温度计的制作	温度采集 单总线传输协议	后疫情时代的防疫重任与责任担当。遵纪守法。单片机通信系统需要遵守传输协议才能正常有序的运行，做事做人也同样如此	知识关联
项目9 电梯轿厢内部控制器的制作	中断优先级下的电梯轿厢内部控制器的制作	工程有优先级排序，做事也要有条理，分清轻重缓急	知识关联

编 者

目 录

CONTENTS

51 单片机应用基础

一、单片机简介

单片机控制
技术概述

(一)单片机的概念

🎯 1. 什么是单片机

单片机全称为单片微型计算机（Single Chip Microcomputer）。它是由中央处理器（CPU）、存储器（RAM 和 ROM）、输入/输出接口（I/O 口）以及其他特殊功能的部件集成在一块硅芯片上而构成。

单片机最初主要应用于实时控制领域，由于其体积小，常作为其他系统的组成部分使用，所以又称作嵌入式控制器或微控制器（MCU）。随着单片机技术的发展，单片机的功能已经十分强大，在各个领域得到了广泛应用。虽然单片机与我们常用的电脑（PC 机）有区别，但作为计算机的基本部件在单片机内部全部具备，所以可以将单片机看作是一个简单的微计算机系统。

许多产品在应用单片机技术之后不仅简化了硬件电路、降低了成本，而且增强了功能。目前，以单片机为核心的智能控制产品正以前所未有的速度取代传统的电子线路构成的固有领地，可以毫不夸张地说，单片机的应用已经进入到现代社会人们生活的方方面面，是"无处不在"的。

🎯 2. 单片机的发展现状

Intel 公司于 1971 年首次推出了 4 位的单片机 4004，然后于 1976 年推出了代表单片机发展里程碑的 8 位 MCS—48 系列单片机，为单片机的发展奠定了基础。之后单片机便进入了以 Intel 公司生产的 MCS—51 单片机为代表的高性能的单片机发展阶段，其代表芯片有 8031、8032、8051、8052、8751 和 8752 等型号。由于市场上 MCS—51 单片机的硬件支持和软件应用程序十分丰富，所以多家公司（如 PHILIPS、ATMEL、WINBOND 等公司）购买了 8051 的内核，推出了与 8051 兼容的单片机，因此将以 8051 为内核的各公司生产的单片机统称为 MCS—51 单片机。目前改良型的 8 位单片机以及 16 位、32 位单片机在各个方面都有广泛的应用。

如今世界很多厂商已研制了多个系列、多个品种的单片机。随着单片机制造工艺水平的提高，单片机产品正朝着高性能、大容量存储器、高速度、低功耗、低价格和功能高度集成化等多方向发展。在具体应用时，我们应根据需求，参考对应的单片机的功能资料进行选型。

3. 常用的单片机

单片机技术发展十分迅速，产品种类繁多，而且性能各异，针对实际应用，我们首先了解流行的几种类型的单片机。

（1）ATMEL公司的51单片机。该种类型的单片机为集中指令集（CISC）的单片机，采用冯·诺伊曼的结构，指令丰富，功能较强。新一代的51单片机集成度更高，在其内部集成了更多的功能部件，如A/D、PWM、WDT及高速I/O口等，在工业测控领域内得到了广泛的应用。虽然不同厂家生产的不同型号的51单片机各有特点，但内核相同，指令系统也完全相同，是应用较广泛的一类单片机。其中ATMEL公司生产的51单片机AT89系列如AT89C2051、AT89S51、AT89S52等型号是市场中较常见品种，详细资料可从官网 http：//www.atmel.com 查看。图0-1所示为常见AT89S系列单片机的外形。

AT89S52-DIP　　　AT89S52-PLCC　　　AT89S52-TQFP　　　AT89C2051-DIP

图0-1　常见AT89S系列单片机外形

（2）ATMEL公司的AVR单片机。ATMEL公司的AVR单片机是基于增强精简指令集（RISC）的单片机，它在吸收了51单片机优点的基础上进行了大量的改进，采用了哈佛（Harvard）的结构，不仅具有运行速度快、存储容量大、片内资源丰富、I/O口功能强、保密性能高、电源电压范围宽（2.7～6.0 V）、抗干扰能力强等一系列优点，而且使用ISP下载编程方式编程，开发费用低廉。典型应用产品有AT90S系列、ATMEGA系列等品种。ATMEGA系列型号有ATMEGA16、ATMEGA64、ATMEGA128等型号单片机。其中ATMEGA16单片机的外形如图0-2所示，详细资料可从官网 http：//www.atmel.com 上查看。

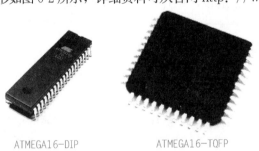

ATMEGA16-DIP　　　　　ATMEGA16-TQFP

图0-2　ATMEGA16单片机外形

（3）Microchip公司的PIC单片机。PIC单片机也是采用精简指令集的单片机，CPU采用哈佛的双总线结构，指令运行速度快、效率高。该系列单片机具有体积小、功耗低、价格低、驱动能力强、保密性高、一次性编程等优点，适用于用量大、档次低、价格敏感的产品，如消费电子产品、智能仪器仪表、汽车电子、工业控制等不同领域都有着广泛的应用，8位的PIC单片机常用的型号有PIC10、PIC12、PIC16、PIC18等，详细资料可从官网 http：//www. microchip. com/上查看。

（4）宏晶 STC 单片机。STC 单片机是深圳宏晶公司生产的以 51 内核为主的系列单片机。它具有单时钟/机器周期、高速、低功耗、超强抗干扰等特点，指令代码完全兼容传统 8051 单片机，但速度快 8～12 倍，部分芯片内部集成 MAX810 专用复位电路，具有 10 位高速 A/D 转换功能，详细资料可从官网 http：//www. stcmcu. com/上查看。

(二)51 单片机的主要特点和应用场合

1. 51 单片机的主要特点

51 单片机和其他单片机一样，必须向其中写入具体的功能程序，单片机才能够按程序的功能执行。因此，单片机所具有的功能除了与单片机的硬件有关，最主要的是与程序有关，只要开动我们的大脑，编写出功能各异的程序，就能够让单片机实现不同的功能。

与其他微处理器相比，51 单片机的主要特点是：体积小、性价比高、品种多、编程简单、位处理能力强、易于实现产品化。

2. 51 单片机的应用场合

51 单片机在工业、农业、交通、办公、生活和国防等各行业中都得到了广泛的应用。在智能仪表中使用单片机后实现了仪表的智能化，不仅扩展了仪表的功能，提高了仪表的精度，而且大大降低了成本；单片机在机电一体化产品中也发挥了巨大的作用，特别是在工业实时控制中，使用单片机作为控制核心后，可以以低廉的成本采集工业现场的信号，智能地进行处理相关信号，实现所期望的性能指标，提高了产品的质量和生产的效率；在家电领域应用更是广泛，高档、智能的家居产品大都使用了单片机；在国防科技上及智能的武器、卫星、火箭等设备上都使用了单片机。单片机的应用彻底地改变了传统控制系统的设计方法，以软件为核心的设计方法不仅提高了产品的可靠性，降低了成本而且增加了产品的功能，因此熟悉并掌握单片机技术已成为现代社会工程技术人员必备知识之一。

二、51 单片机的组成

(一)51 单片机的引脚及内部结构

要能够熟练使用 51 单片机，首先要了解 51 单片机的硬件基础知识，本书以市场上常用的 ATMEL 公司生产的 AT89S52 单机片为代表，分析 51 单片机的相关知识及应用。

1. AT89S52 单片机的内部结构组成和特性

AT89S52 单片机的内部结构组成示意图如图 0-3 所示。其主要特性是：
(1)具有与 51 单片机完全兼容的低功耗、高性能的 CMOS 8 位微控制器。
(2)8K 字节 Flash 存储器，支持在线编程，可反复擦写 1 000 次。
(3)256 字节 RAM。
(4)4 个 8 位的并行 I/O 口(32 个可编程的 I/O 管脚)。
(5)3 个 16 位的定时器/计数器(T0、T1 和 T2)。

（6）1 个全双工通用异步串行口。

（7）具有 6 个中断源、2 个中断优先级的中断系统。

（8）自带看门狗。

（9）外接晶振频率 0～33 MHz，具有片内晶振及时钟电路，甚至可降至 0 Hz 静态逻辑操作。

（10）其他特性：具有 2 个数据指针，支持 2 种软件可选择节电模式，即空闲模式和掉电模式，3 层可编程加密，工作电压为 4.0～5.5 V。

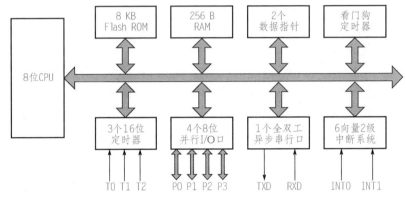

图 0-3　AT89S52 单片机的内部结构组成示意图

2. AT89S52 单片机的引脚及功能

图 0-4 列出了两种不同封装的 AT89S52 单片机的引脚，其引脚功能如下：

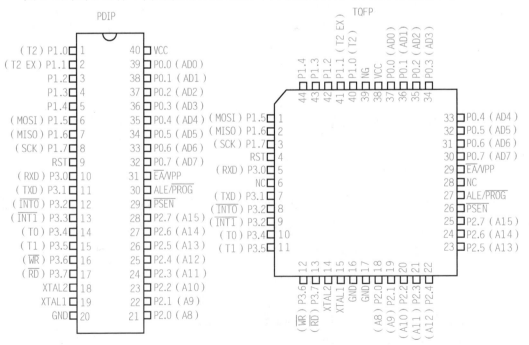

图 0-4　两种不同封装的 AT89S52 单片机的引脚

（1）电源引脚。

VCC（40 脚）：接电源正极 5 V。

GND（20 脚）：接地。

（2）复位引脚。

RST（9 脚）：复位信号输入端，高电平有效。为了保证单片机有效复位，要求复位时此引脚保持两个机器周期以上的高电平。例如使用晶振频率为 12 MHz 时，则复位信号持续时间应不小于 2 μs。

（3）外接晶振引脚。

XTAL1（19 脚）：接外部晶体的一端。若使用外部时钟源，则外部时钟从该引脚输入。

XTAL2（18 脚）：接外部晶体的另外一端。若使用外部时钟，该管脚可悬空。

（4）控制信号引脚。

$\overline{EA}$/VPP（31 脚）：外部程序存储器地址允许输入端。该引脚第一功能 $\overline{EA}$ 接高电平时，当程序计数器的值不超过 0x0FFF，CPU 访问片内的程序存储器，地址超过则访问片外的程序存储器。当该引脚接低电平时，CPU 不访问内部存储器，直接访问外部存储器。该引脚的第二功能 VPP 是对片内的程序固化时所加的编程电压输入端。

ALE/$\overline{PROG}$（30 脚）：该引脚的第一功能 ALE 作为地址锁存允许信号，在 51 单片机访问外设或外部的数据存储器时，该引脚不断向外输出正脉冲信号，该信号的频率为振荡频率的 1/6。该引脚的第二功能 $\overline{PROG}$ 是用于向片内提供编程脉冲。

$\overline{PSEN}$（29 脚）：片外程序存储器读选通信号。在单片机访问片外程序存储器时，该引脚输出脉冲作为读片外程序存储器的选通信号。

（5）输入/输出端口。

AT89S52 单片机具有 4 个 8 位的并行 I/O 口，分别是 P0（P0.0～P0.7，39～32 脚）、P1（P1.0～P1.7，1～8 脚）、P2（P2.0～P2.7，21～28 脚）、P3（P3.0～P3.7，10～17 脚）。其中 P0 口是漏极开路的 8 位准双向口，当用作普通的 I/O 口时必须要接上拉电阻；P1～P3 口都是带内部上拉电阻的 8 位准双向口。在 4 个端口中，P1 口只能用作 I/O 口，P0 口、P2 口和 P3 口除了作为 I/O 口外，还具有第二功能：P0 口的第二功能为低 8 位地址线/数据总线；P2 口的第二功能为高 8 位地址线；P3 口的第二功能中其 8 个引脚可以按位单独定义，其第二功能如表 0-1 所示。

表 0-1 P3 口的第二功能

P3 口	第二功能	说　明
P3.0	RXD	串行输入口
P3.1	TXD	串行输出口
P3.2	$\overline{INT0}$	外部中断 0 输入
P3.3	$\overline{INT1}$	外部中断 1 输入
P3.4	T0	定时器 0 输入
P3.5	T1	定时器 1 输入
P3.6	$\overline{WR}$	外部数据 RAM 写选通（低电平有效）
P3.7	$\overline{RD}$	外部数据 RAM 读选通（低电平有效）

(二)51 单片机的存储器结构

51 系列单片机的存储器采用哈佛的结构,其特点是将程序存储器和数据存储器分开,二者有对应的控制系统、寻址方式和寻址空间。AT89S52 单片机的存储器包括:内部数据存储器(RAM)256 B、内部程序存储器 8 KB、外部最大可扩展数据存储器(RAM)64 KB、外部最大可扩展程序存储器(ROM)64 KB。寻址的空间为:片内外统一编址的 64 KB 程序存储器,片内 256 B 数据存储空间和片外 64 KB 数据存储器空间。图 0-5 列出了 AT89S52 单片机的存储器的映像图。

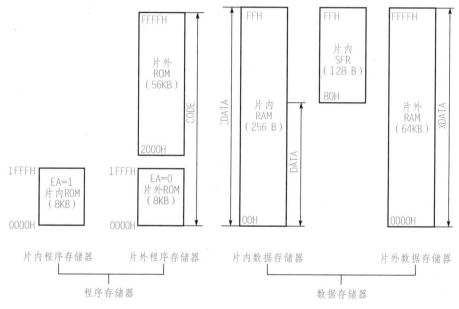

图 0-5　AT89S52 单片机存储器映像图

1. AT89S52 单片机程序存储器

AT89S52 单片机的程序存储器是用来存放用户编写的应用程序的,其特点是单片机运行时程序只能读出。单片机访问内部还是外部的程序存储器是由 EA 引脚的电平来决定的,当 EA 接高电平时,程序从片内的 ROM 最小地址处开始执行,当 PC 的值超过其容量时(1FFFFH),程序自动到片外的 ROM 地址处执行;若 EA 接低电平,则单片机全部执行片外的 ROM 中的程序。注意:程序存储器一开始的部分单元用于特殊的程序入口地址。

2. AT89S52 单片机数据存储器

AT89S52 单片机的数据存储器是用来存放程序运行的中间结果的,如变量值、缓冲区、标志等。RAM 中的数据是可以随时读写的。RAM 的空间可以分为片内 RAM(00H～FFH)和片外 RAM(0000H～FFFFH),单片机通过指令来区分重叠的 RAM 空间。

AT89S52 单片机的片内 RAM(80H～FFH)为数据存储器和特殊功能寄存器地址重叠的空间(对于 51 单片机只有特殊功能寄存器空间),在这高 128 字节的 RAM 中,除 PC 之外，有21个特殊功能寄存器离散地分布在该地址空间内，而特殊功能寄存器的字节地址能够被8整除的特殊功能寄存器共11个，它们具有位寻址的能力。片内RAM(00H～7FH)为片内数据存储器空间，其中：地址范围从00H～1FH为工作寄存器区，共4组，由特殊功能寄存器PSW的RS1、RS0来选择，每一组有8个工作寄存器，共占32个字节；工作寄存器后面的为16个字节(20H～2FH)的位寻址区，可以以位寻址的方式来访问，共128个位地址；其余的片内RAM为用户使用，用于存放数据或作为堆栈使用。片内低128个字节的存储器映像图如图0-6所示。

图0-6　AT89S52单片机片内RAM地址映像图

(三)51单片机最小硬件系统

单片机的最小硬件系统是指能够使单片机正常工作的最小硬件电路。

AT89S52单片机同其他典型的51单片机一样，能够使其正常工作的最小的硬件系统由单片机芯片、时钟振荡电路和复位电路组成，其电路原理图及元件参数如图0-7所示。

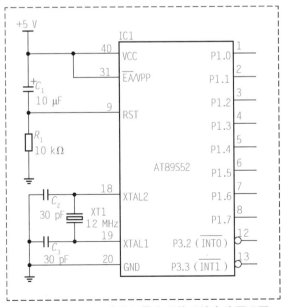

图0-7　AT89S52单片机最小硬件系统电路原理图

1. 时钟振荡电路

时钟振荡电路的作用是产生单片机正常工作所需的时钟信号。51 系列的单片机可以采用内部和外部两种时钟振荡电路来产生时钟信号。图 0-7 电路中由晶体 XT1，电容 C_3、C_2 与单片机内部的反相放大器(单片机的引脚 XTAL1 和 XTAL2 端为放大器的输入/输出端)一起构成了时钟振荡电路，是最常用的一种时钟振荡电路。该电路中晶体的振荡频率决定了单片机工作的时钟频率，对于 AT89S52 单片机，其取值范围为 0～33 MHz，典型值为 12 MHz 和 11.059 2 MHz。电容 C_3、C_2 的作用是帮助振荡器起振，其值大小也会对振荡频率有影响，典型值取 30 pF。

2. 复位电路

单片机复位电路的作用是使单片机进行复位。复位是使单片机进行初始化或程序从最初始的状态开始运行。

要使 51 单片机进行复位，必须是振荡器起振后，在其复位引脚(RST)端施加两个机器周期以上的高电平，单片机即可实现复位；当 RST 变为低电平后，单片机退出复位状态。图 0-7 电路中由 C_1 和 R_1 构成了上电自动复位电路。其原理是：上电时，电容相当于短路，RST 引脚上的电平为高电平；随着电容的充电，RST 引脚上的电压逐渐降低，直至正常工作为低电平，实现了自动复位功能。该电路中的高电平的持续时间取决于 RC 电路的充放电常数，一般为了保证可靠复位，要求 RST 引脚上的高电平要保持 20 ms。实际应用中在该电路的电容两端并联一个按钮构成了具有手动和上电自动复位的电路。

三、51 单片机开发环境

51 单片机功能强大，应用广泛，那我们如何来学习和应用 51 单片机呢？下面我们从单片机应用的开发模式、开发的硬件环境与软件环境来介绍 51 单片机的应用开发。

(一)单片机应用开发模式

1. 仿真器开发模式

仿真是采用可控的手段来模仿真实的情况，可以采用软件仿真，也可以采用硬件仿真。硬件仿真需要购买仿真器，应用时它不仅代替了单片机，而且用户可以对程序的运行进行控制，如单步、设置断点、全速运行等。51 单片机常用的硬件仿真器有万利仿真器、伟福仿真器和周立功仿真器等品牌。软件仿真主要是通过计算机软件来模拟运行，用户不需要搭建硬件电路就可以对程序进行调试验证。我们在开发和调试项目过程中，可能会遇到很多问题，借助于仿真能及时地查找问题的来源，方便地观察到存储器及寄存器的内容，从而快速解决问题。但仿真器终究不是单片机，有时代码在仿真器上能通过，但在单片机中不一定能正常工作，反而增加了调试的难度，所以我们应尽量挑选好的仿真器。

2. 编程器开发模式

编程器又称为程序烧写器，用于将编辑、调试所生成的扩展名为 BIN 或 HEX 的文件固化到存储器或单片机中。51 单片机常用的编程器有希尔特 SUPERPRO 通用编程器、TOP 通用编程器、周立功 EASYPRO 通用编程器等品牌。由于芯片生产厂家多，不同的厂商生产的芯片的型号也多，所以通用编程器应支持多种芯片程序的读写操作。使用编程器烧写程序进行调试的开发方法使得单片机在实际的环境中运行，程序调试好后就可正常运行，但调试程序要将芯片在目标板与编程器之间转移，大部分时间在做简单的编译、编程重复操作工作，操作使用不便，也不容易得到程序运行过程中相关变量的数据。所以编程器往往用于仿真器不能正常调试或调试成功后对芯片的烧写。

3. ISP 开发模式

ISP 即在系统可编程，类似于使用编程器开发模式。它利用了单片机芯片的在系统编程功能，因此不需要将单片机芯片从目标板上移出，而是通过专用的 ISP 下载线对单片机程序进行烧写，在程序设计编译好后，下载到芯片上运行，实现真正的"所编即所得"。AT89S52 是支持这种开发模式的单片机。需要注意的是不同的单片机其 ISP 固化软件不同。

(二)51 单片机开发的硬件环境

单片机项目的设计和应用涉及硬件电路和软件编程，实践表明：按照"做中学，学中做"的理念去动手做项目(或完成任务)是掌握单片机技术的有效方法之一。为了能动手做单片机的项目，需要具备下列硬件条件。

1. PC 机

单片机项目硬件电路的设计，软件的编程、调试，网上资料的收集，工具软件的使用都离不开 PC 机。对于开发 51 单片机的 PC 机使用普通的 PC 机即可，但最好要带有串行口(否则在涉及通信程序调试时需要另外配置)。

2. 单片机实验电路板或实训装置

它们是单片机进行项目任务的硬件载体。有了单片机实验电路板或实训装置，单片机的硬件电路就不需要我们再进行设计制作了，不仅节省了调试硬件时间，节约了成本，而且可以让我们集中精力进行单片机软件的编程和调试。另外，我们将写有程序的单片机放到目标电路板上去通电运行，能使我们直观地看到项目的实际效果，倍增我们学习的信心。本书选用 YL—236 型单片机实训考核装置作为项目的硬件载体，不具备条件的可以通过 Proteus 仿真软件进行部分硬件的模拟仿真。

3. 编程器及单片机芯片

编程器采用通用的编程器或 ISP 下载式编程器。单片机芯片以 AT89S52 单片机作为本教材所使用的芯片，读者也可以选用与此兼容的相应的 51 系列单片机芯片如 STC89 系列等。

(三)C51 单片机开发的软件环境

51 单片机应用项目的开发不仅需要硬件支持，也离不开软件。由于 51 单片机真正执行的是二进制机器码，我们使用编译软件将高级语言编写的源程序变成二进制机器码的过程称为编译。常用的开发软件提供了源程序的编辑、编译、调试等功能，也称为集成的开发环境。用于51单片机开发的常用集成开发环境有：仿真器自带的 MedWin 集成开发环境和 Keil μVision(以下简称 Keil)；用于单片机仿真调试的软件有 Proteus 仿真调试软件；其他辅助软件有：编程器软件，串口调试助手，PDF 文件阅读器，电路设计软件 Protel 等。

Keil 是当前使用最广泛的基于51单片机内核的软件开发平台之一，它基于 Windows 的软件开发平台，集编辑、编译、汇编、连接、仿真调试于一体，我们可以利用软件自带的仿真程序进行模拟仿真调试，也可以由硬件仿真器直接对目标板进行调试，如万利仿真器自带的 MedWin 集成开发环境。本书各个项目和任务的制作均以 MedWin V3.0 作为 AT89S52 单片机的开发软件，MedWin 与 Keil 软件均可以从万利与 Keil 的官方网站下载并安装。

1. 单片机开发环境的安装与配置

(1)Keil μVision4 开发环境的安装。

由于 MedWin 软件并没有自己的 C 编译器，所以要使用前需要安装 Keil 以便于使用其编译器，下面就按次序展示其安装步骤(见图0-8)。

①从官网下载安装包

②打开"setup"文件夹

③双击"setup.exe"文件

④单击"Eval-Version"按钮

⑤单击"Next"按钮

⑥单击"Yes"按钮

⑦单击"Next"按钮

⑧单击"Next"按钮

⑨单击"Next"按钮

⑩单击"Finish"按钮

图0-8　Keil μVision4 开发环境安装

①在官网中下载完成 Keil μVision4 安装包后解压并打开其文件夹。Keil 官网网址为：https://www.keil.com/download/；

②打开"setup"文件夹；

③双击"setup.exe"文件；

④单击"Eval Version"或"Full Version"按钮，其中"Eval Version"版为免费测试版，有编写程序不能超过 2 KB 限制，而"Full Version"为完全版，没有限制，但需要向 Keil 购买 licence 授权码才能使用；

⑤单击"Next"按钮；

⑥单击"Yes"按钮；

⑦单击"Next"按钮；

⑧单击"Next"按钮；

⑨单击"Next"按钮；

⑩把钩去掉，单击"Finish"按钮，完成安装。此时 Keil 已经默认安装到 C 盘根目录中。

（2）MedWin V3.0 开发环境的安装。

MedWin V3.0 开发环境的安装如图 0-9 所示，其流程为：

①从万利官网下载
MedWin软件

②双击
"setup.exe" 文件

③单击 "下一步"
按钮

④单击 "下一步"
按钮

⑤单击 "下一步"
按钮

⑥单击 "下一步"
按钮

⑦单击 "下一步"
按钮

⑧单击 "完成"
按钮

图 0-9　MedWin V3.0 开发环境安装

①从万利官网下载 MedWin 软件，万利官方网址为：http：//www. manley. com. cn/。

②双击"setup. exe"文件；

③单击"下一步"按钮；

④单击"下一步"按钮；

⑤单击"下一步"按钮；

⑥单击"下一步"按钮；

⑦单击"下一步"按钮；

⑧单击"完成"按钮。

这时 MedWin V3.0 软件安装完毕。

（3）MedWin V3.0 开发环境的配置。

①选择设备驱动管理器。如图 0-10 所示，单击"设置"菜单，再单击"设备驱动管理器"选项后，弹出对话框，如图 0-11 所示，勾选"Insight ME－52HU Family Emulator"后，单击"选择驱动"按钮，再单击"确定"按钮。

②设置编译工具。MedWin 集成开发环境系统默认使用万利电子有限公司的汇编器 A51. EXE 和连接器 L51. EXE，支持汇编语言编写的程序开发，如果使用其他外部编译工具，需要对外部编译工具的路径和程序进行设置。如图 0-12 所示，单击"设置"菜单，再

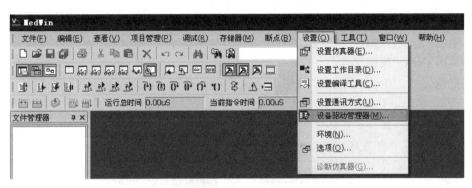

图 0-10 MedWin 设置设备驱动管理器界面

图 0-11 MedWin 选择编译工具界面

单击"设置编译工具"选项后，弹出对话框，如图 0-13 所示，用户只使用汇编作为编程语言时，建议选择"系统默认的汇编器和连接器"。当使用 C 语言作为编程语言时，选择"指定路径下的编译工具"。单击"选择路径"按钮，选择 Keil 安装路径下的 C51。

注意：
   只需要将路径指向外部编译工具原始安装位置，不要移动或复制外部编译工具中的任何文件。

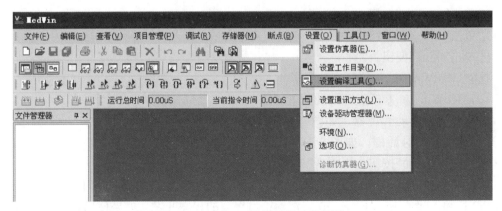

图 0-12 MedWin 设置编译工具界面

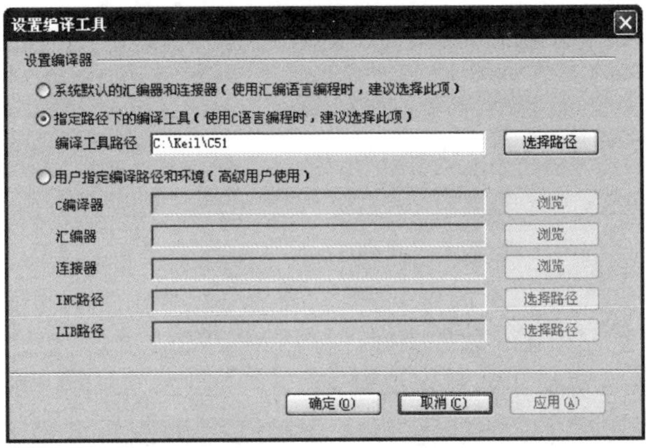

图 0-13 指定路径下的编译工具路径

Keil 与 MedWin 软件安装配置完后,开发环境已经搭建完成。此时已可以进行单片机项目开发实战,其主要包含以下几个步骤:

①建立一个新项目并为该项目选择单片机参数;

②建立一个新文件(本教材采用单片机 C 语言编写的源程序,所以文件的扩展名为 .C)并将该文件添加到项目中;

③利用 MedWin 软件程序文本编辑器进行源程序的编辑;

④利用 MedWin 软件的构造(Build)功能,对项目源程序文件进行编译连接,生成目标代码及扩展名为 HEX 的执行文件;如果编译连接错误则重新返回第 3 步,修改错误后重新构造整个项目。

⑤将正确的目标代码进行仿真调试,调试成功后将目标代码使用编程器等方法写入单片机中。

下面通过一个最简单的任务来实战下 MedWin 软件的使用。

2. 任务要求

使用 MedWin 软件建立"发光二极管"项目 LED _ TEST,在该项目中建立文件 LED _ TEST. C,编辑和编译给定的源程序,仿真调试 P1 口最后一位交替输出高低电平。给定的源程序如下:

P1 口最后一位交替输出高低电平	LED _ TEST. C

```c
#include < reg52. h>
void main(void)
{
  unsigned int t;
  P1= 0xff;
  while(1)
  {
    P1= 0xfe;
    t= 50000;
```

```
    while(t- - );
    P1= 0xff;
    t= 50000;
    while(t- - );
  }
}
```

3. 任务实施参考步骤

首先，双击桌面上 MedWin 软件图标，打开 MedWin3.0。

①进入 MedWin3.0 界面，如图 0-14 所示。

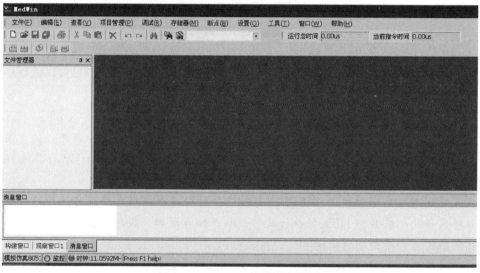

图 0-14　MedWin 软件操作界面

②单击"项目管理"→"新建项目"，如图 0-15 所示。

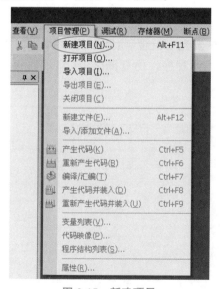

图 0-15　新建项目

这时，会跳出"新建项目—第1步"对话框。在选项中默认选择"OMF格式编译工具"选项，然后单击"下一步"按钮，如图0-16所示。

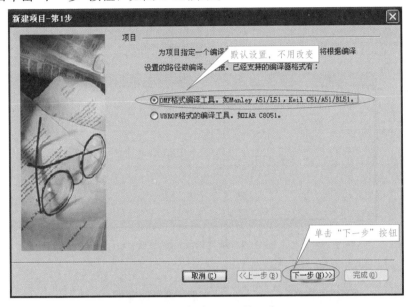

图0-16 新建项目—第1步

③进入"新建项目—第2步"对话框。在其中的名称栏中，填入你所要新建的项目的名称(比如需要建立的工程名称为LED_TEST，填入项目名称输入框即可)。其他选项都不做修改，然后单击"完成"按钮，这个项目工程就建立好了，如图0-17所示。

④项目新建完毕后，则右边的文件管理器中，会显示该项目的名称和引用文件夹，如图0-18所示。这时就可以开始建立程序文件了。

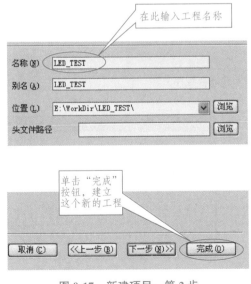

图0-17 新建项目—第2步

图0-18 新建文档

⑤单击左上角的新建文档图标，如图 0-18 所示，这时，程序会自动弹出未命名文档。如图 0-19 所示。在未命名文档的空白处输入给定的 C 语言程序。然后单击"保存"按钮，如图 0-20 所示。

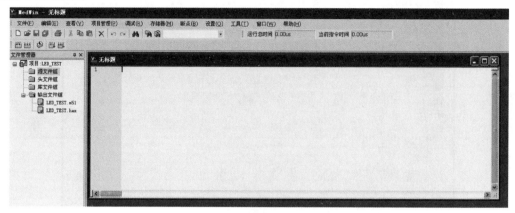

图 0-19　新建的无标题文档

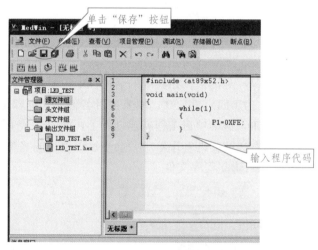

图 0-20　输入并保存程序文件

⑥在跳出的"保存为"对话框中，输入我们要保存的程序名称。C 语言的程序后缀名为".C"，所以，输入"LED _ TEST.C"。单击"保存"按钮，此程序文件就保存为 C 程序文件了，如图 0-21 所示。

⑦然后右键单击"源文件组"，在跳出的菜单中选择"导入/添加文件"。在"导入/添加"对话框中找到并添加编写好的 C 文件到项目工程的源文件组中去，如图 0-22 和图 0-23所示。

图 0-21　"保存为"对话框

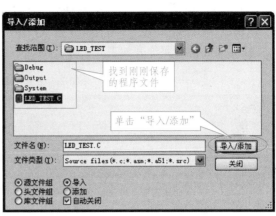

图 0-22　导入程序文件　　　　　　　　图 0-23　"导入/添加"对话框

⑧此时，在源文件组中，就会有所编译的 C 文件"LED_TEST.C"了。这时，单击重新产生代码并装入图标，如图 0-24 所示。

软件会自动对所编写的程序进行编译链接并产生代码，如果程序正确，在构建窗口中会显示下载程序成功，并会在字节数处显示生成代码的字节大小，如图 0-25 所示。

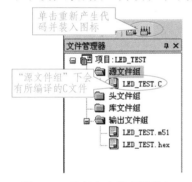

图 0-24　重新产生代码并装入　　　　　　图 0-25　构建窗口

若程序的编写不正确，则会在构建窗口中提示错误，下载也就不能完成，如图 0-26 所示。

```
构建窗口
<编译命令行> C:\Keil\C51\Bin\C51.EXE LED_TEST.C DB OE
<编译器提示> C51 COMPILER V6.23a - SN: K1DZP-5IUSHE
<编译器提示> COPYRIGHT KEIL ELEKTRONIK GmbH 1987 - 2002
<编译器提示> C51 COMPILATION COMPLETE.  0 WARNING(S),  1 ERROR(S)
    ERROR C141 IN LINE 8 OF LED_TEST.C: syntax error near '}'
<MedWin提示> 编译/汇编过程中发现错误。
汇编/编译发现错误!终止!
```

图 0-26　程序编写不正确产生错误

⑨下载正确后，会发现按钮窗口中多出一个栏目，这时单击全速运行图标，那么你的程序就在你的仿真器中运行了，如图 0-27 所示。

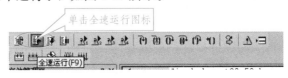

图 0-27　全速运行

4. 任务评价

任务完成情况评价表如表 0-2 所示。

表 0-2　任务完成情况评价表

任务名称			评价时间		年　　月　　日		
小组名称			小组成员				
评价内容	评价要求	权重	评价标准	学生自评得分	小组评价得分	教师评价得分	合计
职业与安全意识	(1)工具摆放、操作符合安全操作规程； (2)遵守纪律、爱惜设备和器材、工位整洁； (3)具有团队协作精神	10%	好(10) 较好(8) 一般(6) 差(<6)				
任务的建立与保存	(1)名称正确； (2)单片机的型号选择正确； (3)保存位置正确	25%	好(25) 较好(20) 一般(15) 差(<15)				
文件的建立与保存	(1)文件名正确； (2)文件的保存位置正确； (3)文件能正确添加到项目中	25%	好(25) 较好(20) 一般(15) 差(<15)				
源文件输入和编译	(1)输入内容完整； (2)注重内容格式； (3)编译无错	15%	好(15) 较好(12) 一般(9) 差(<9)				
仿真调试	(1)能正确设置仿真输出； (2)操作正确； (3)编译正确	15%	好(15) 较好(12) 一般(9) 差(<9)				
问题与思考	(1)说明使用 MedWin 软件进行项目开发的步骤； (2)说明 MedWin 软件的功能	10%	好(10) 较好(8) 一般(6) 差(<6)				
教师签名			学生签名			总分	
任务评价=学生自评(0.2)+小组评价(0.3)+教师评价(0.5)							

四、单片机 C 语言基础

在进行单片机开发时，必须选择合适的编程语言。对于 51 单片机而言，可以使用汇编语言和单片机 C 语言(也称为 C51)，这两种语言各有优势，随着时代的发展，设计者大都采用单片机的 C 语言来开发项目了，本书也以单片机的 C 语言作为项目的编程语言。

在使用本教材进行单片机应用技术学习过程中，我们应用的主要学习方法是"做中学，用到什么知识就学什么知识"，达到学以致用的目的。所以这里只介绍单片机 C51 的基础知识，熟悉这方面内容的读者可以跳过，后面每个项目用到的内容再详细介绍。

（一）二进制数和十六进制数

1. 二进制数的表示

二进制数只有两个数码 0 和 1，其进制规律为"逢二进一，借一当二"，其表示形式为数值后面加 B，如 1010B 表示二进制数 1010。

2. 十六进制数的表示

十六进制数共有十六个数码：0、1、2、3、4、5、6、7、8、9、A、B、C、D、E、F。其进制规律为"逢十六进一，借一当十六"。其表示形式为数值后面加 H，如 2DH 表示十六进制数 2D，在 C51 中，数值前面加上 0x 来表示，如 0x2D 表示十六进制数 2D。

3. 二进制数、十进制数与十六进制数的转换

在单片机的应用中，常需要进行数值的转换。十进制数、二进制数与十六进制数（0～17）之间的对应关系如表 0-3 所示。二进制数和十六进制数之间的转换关系是：四位二进制数用一位十六进制数来表示。十进制和二进制之间的转换可以使用"位权"依次展开计算的办法。此外，利用 Windows 自带的计算器（科学型）可以很方便地进行数制之间的转换。

表 0-3　十进制数、二进制数和十六进制数之间的对应关系表

十进制数	二进制数	十六进制数	十进制数	二进制数	十六进制数
0	0	0	9	1001	9
1	1	1	10	1010	A
2	10	2	11	1011	B
3	11	3	12	1100	C
4	100	4	13	1101	D
5	101	5	14	1110	E
6	110	6	15	1111	F
7	111	7	16	10000	10
8	1000	8	17	10001	11

例如：将下列数进行数制之间的转换：

$(20)_D = ($　　$)_B = ($　　$)_H$

解： $(20)_D = 0 \times 2^0 + 0 \times 2^1 + 1 \times 2^2 + 0 \times 2^3 + 1 \times 2^4 = (10100)_B$

$(10100)_B = (14)_H$

（二）C51 的标识符与关键字

单片机 C51 语言是专门为 51 单片机设计的高级语言 C 编译器，继承了 C 语言的特

点，同时针对51单片机的特点做了功能扩展。在使用C51进行程序开发时必须要了解标识符和关键字的使用规则。

◎ 1. 标识符

C语言中用标识符来声明程序中某个对象的名字。如："char t"中的 t 为字符型变量。C51标识符是由字母、数字和下划线"_"等组成，其中标识符的第一个字符必须是字母或下划线。如"ms"，"int _ t0"等。命名标识符要求简单、明了，需要注意的是：

(1)C51区分字母的大小写。

(2)自定义的标识符不能与C51的关键字同名。

◎ 2. 关键字

C51的关键字是C51编译器已经定义的有固定含义的特殊标识符。ANSI C标准一共规定了32个关键字，表0-4按用途列出了ANSI C标准的关键字。

表0-4 ANSI C标准的关键字

关键字	用 途	说 明
auto	存储种类说明	用以说明局部变量，默认值为此
break	程序语句	退出最内层循环体
case	程序语句	switch语句中的选择项
char	数据类型说明	单字节整型数据或字符型数据
const	存储类型说明	在程序执行过程中不可更改的常量值
continue	程序语句	转向下一次循环
default	程序语句	switch语句中的失败选择项
do	程序语句	构成do…while循环结构
double	数据类型说明	双精度浮点数
else	程序语句	构成if…else选择结构
enum	数据类型说明	枚举
extern	存储种类说明	在其他程序模块中说明了的全局变量
float	数据类型说明	单精度浮点数
for	程序语句	构成for循环结构
goto	程序语句	构成goto转移结构
if	程序语句	构成if…else选择结构
int	数据类型说明	基本整型数
long	数据类型说明	长整型数
register	存储种类说明	使用CPU内部寄存器的变量
return	程序语句	函数返回
short	数据类型说明	短整型数
signed	数据类型说明	有符号数，二进制数据的最高位为符号位
sizeof	运算符	计算表达式或数据类型的字节数
static	存储种类说明	静态变量

关键字	用　途	说　明
struct	数据类型说明	结构类型数据
switch	程序语句	构成 switch 选择结构
typedef	数据类型说明	重新进行数据类型定义
union	数据类型说明	联合类型数据
unsigned	数据类型说明	无符号数据
void	数据类型说明	无类型数据
volatile	数据类型说明	该变量在程序执行中可被隐含地改变
while	程序语句	构成 while 和 do…while 循环结构

C51 除了支持标准的 ANSI C 标准的关键字以外，还根据 51 单片机自身的特点扩展了表 0-5 所示的扩展关键字。

表 0-5　C51 的扩展关键字

关键字	用　途	说　明
_ at _	地址定位	为变量进行存储器绝对空间地址定位
alien	函数特性声明	用以声明与 PL/M51 兼容的函数
bdata	存储器类型声明	可位寻址的 8051 内部数据存储器
bit	位变量声明	声明一个位变量或位类型的函数
code	存储器类型声明	8051 程序存储器空间
compact	存储器模式	指定使用 8051 外部分页寻址数据存储器空间
data	存储器类型声明	直接寻址的 8051 内部数据存储器
idata	存储器类型声明	间接寻址的 8051 内部数据存储器
interrupt	中断函数声明	定义一个中断服务函数
large	存储器模式	指定使用 8051 外部数据存储器空间
pdata	存储器类型声明	分页寻址的 8051 外部数据存储器
_ priority _	多任务优先声明	RTX51 或 RTX51 Tiny 的任务优先级
reentrant	再入函数声明	定义一个再入函数
sbit	位变量声明	声明一个可位寻址变量
sfr	特殊功能寄存器声明	声明一个 8 位的特殊功能寄存器
sfr16	特殊功能寄存器声明	声明一个 16 位的特殊功能寄存器
small	存储器模式	指定使用 8051 内部数据存储器空间
_ task _	任务声明	定义实时多任务函数
using	寄存器组定义	定义 8051 的工作寄存器组
xdata	存储器类型声明	8051 外部数据存储器

🎯 3. C51 的数据类型

单片机中程序总要对数据进行处理，C51 的数据类型决定了数据在其 RAM 中的存放情况。在 C51 中数据往往以变量的形式存在，变量在使用中必须先定义数据的类型，C51 中常见的数据类型如表 0-6 所示。

表 0-6　C51 数据的类型

数据类型	字　长	取值范围
bit(位类型)	1	0～1
signed char(有符号字符型)	8	−128～+127
unsigned char(无符号字符型)	8	0～255
*(指针型)	8～16	对象的地址
signed short(有符号短整型)	16	−32 768～+32 767
unsigned short(无符号短整型)	16	0～65 535
signed int(有符号整型)	16	−32 768～+32 767
unsigned int(无符号整型)	16	0～65 535
signed long(有符号长整型)	32	−2 147 483 648～+2 147 483 647
unsigned long(无符号长整型)	32	0～4 294 967 295
float(单浮点型)	32	0.175 494E～0.402 823E+38
void(无值型)	0	无值型
sbit	1	0～1
sfr	8	0～255
sfr16	16	0～65 535

(1)char 字符类型。char 类型的长度是一个字节，通常用于定义处理字符数据的变量或常量，分无符号字符类型 unsigned char 和有符号字符类型 signed char，默认值为 signed char 类型。unsigned char 类型用字节中所有的位来表示数值，可以表达的数值范围是 0～255。signed char 类型用字节中最高位字节表示数据的符号，"0"表示正数，"1"表示负数，负数用补码表示，所能表示的数值范围是−128～+127。unsigned char 常用于处理 ASCII 字符或用于处理小于或等于 255 的整型数。正数的补码与原码相同，负二进制数的补码等于它的绝对值按位取反后加 1。

(2)int 整型。int 整型长度为两个字节，用于存放一个双字节数据。分有符号 int 整型数 signed int 和无符号整型数 unsigned int，默认值为 signed int 类型。signed int 表示的数值范围是−32 768～+32 767，字节中最高位表示数据的符号，"0"表示正数，"1"表示负数。unsigned long 表示的数值范围是 0～65 535。

(3)long 长整型。long 长整型长度为四个字节，用于存放一个四字节数据。分有符号 long 长整型 signed long 和无符号长整型 unsigned long，默认值为 signed long 类型。signed long 表示的数值范围是−2 147 483 648～+2 147 483 647，字节中最高位表示数据的符号，"0"表示正数，"1"表示负数。unsigned long 表示的数值范围是 0～4 294 967 295。

(4)float 浮点型。float 浮点型在十进制中具有 7 位有效数字，是符合 IEEE−754 标准的单精度浮点型数据，占用四个字节。

(5)指针型。指针型本身就是一个变量，在这个变量中存放的是指向另一个数据的地址。这个指针变量要占据一定的内存单元，对不同的处理器长度也不尽相同，在C51中它的长度一般为1～3个字节。指针变量也具有类型，在以后的内容中有专门一节做探讨，这里就不多说了。

（6）bit位标量。bit位标量是C51编译器的一种扩充数据类型，利用它可定义一个位标量，但不能定义位指针，也不能定义位数组。它的值是一个二进制位，不是0就是1，类似一些高级语言中的Boolean类型中的True和False。

（7）sfr特殊功能寄存器。sfr也是一种扩充数据类型，占用一个内存单元，值域为0～255。利用它可以访问51单片机内部的所有特殊功能寄存器。如"sfr P1=0x90;"这一句是将P1定为P1端口在片内的寄存器，在后面的语句中我们可以用P1=255（对P1端口的所有引脚置高电平）之类的语句来操作特殊功能寄存器。

（8）sfr16 16位特殊功能寄存器。sfr16占用两个内存单元，值域为0～65 535。sfr16和sfr一样用于操作特殊功能寄存器，所不同的是sfr16用于操作占两个字节的寄存器，即定时器T0和T1。

（9）sbit可位寻址。sbit同位是C51中的一种扩充数据类型，利用它可以访问芯片内部RAM中的可寻址位或特殊功能寄存器中的可寻址位。如先前我们定义了sfr P1=0x90；//因P1端口的寄存器是可位寻址的，所以我们可以定义sbit P1_1=P1^1；//P1_1为P1中的P1.1引脚//同样我们可以用P1.1的地址去写，如sbit P1_1=0x91；这样我们在以后的程序语句中就可以用P1_1来对P1.1引脚进行读写操作了。通常这些可以直接使用系统提供的预处理文件"AT89x52.H"中，已定义好各特殊功能寄存器的简单名字，直接应用可以省去一点时间。

4. C51的运算符

C51有很强的数据处理能力，运算符是完成数据运算的符号，也称为操作符。C51运算符按其在表达式中的作用有算术运算符、逻辑运算符、关系运算符和位运算符几类。编写程序时必须明确其作用及使用规则。常用的运算符如表0-7所示。

表0-7　C51常用运算符

运算符	范　例	说　明
＋	$a+b$	a变量值和b变量值相加
－	$a-b$	a变量值和b变量值相减
＊	$a*b$	a变量值乘以b变量值
／	a/b	a变量值除以b变量值
％	$a\%b$	取a变量值除以b变量值的余数
＝	$a=6$	将6设定给a变量，即a变量值等于6
＋＝	$a+=b$	等同于$a=a+b$，将a和b相加的结果又存回a
－＝	$a-=b$	等同于$a=a-b$，将a和b相减的结果又存回a
＊＝	$a*=b$	等同于$a=a*b$，将a和b相乘的结果又存回a
／＝	$a/=b$	等同于$a=a/b$，将a和b相除的结果又存回a
％＝	$a\%=b$	等同于$a=a\%b$，a变量值除以b变量值的余数又存回a

续表

运算符	范 例	说 明
++	$a++$	a 的值加 1，即 $a=a+1$
--	$a--$	a 的值减 1，即 $a=a-1$
>	$a>b$	测试 a 是否大于 b
<	$a<b$	测试 a 是否小于 b
==	$a==b$	测试 a 是否等于 b
>=	$a>=b$	测试 a 是否大于或等于 b
<=	$a<=b$	测试 a 是否小于或等于 b
!=	$a!=b$	测试 a 是否不等于 b
&&	$a\&\&b$	a 和 b 作逻辑 AND，若两个变量都是"真"，结果就为"真"
‖	$a‖b$	a 和 b 作逻辑 OR，只要有任何一个变量为"真"，结果就为"真"
!	$!a$	将 a 变量的值取反，即原来为"真"则变"假"，为"假"则变为"真"
>>	$a>>b$	将 a 按位右移 b 位，左侧填充 b 个 0
<<	$a<<b$	将 a 按位左移 b 位，右侧填充 b 个 0
|	$a\|b$	a 和 b 按位做 OR 运算
&	$a\&b$	a 和 b 按位做 AND 运算
^	a^b	a 和 b 按位做 XOR 运算
~	$\sim a$	将 a 的每一位取反
&	$a=\&b$	将 b 变量的地址存入 a 寄存器
*	$*a$	用来取寄存器所指地址内的值

(三)C51 编程规范

使用 C51 编写程序时，必须养成良好的编程习惯，以提高程序的质量和可维护性，同时也方便与他人的代码交流。当然这里没有统一的标准，也不做详细说明，只是最基本的约定，方便我们进行程序代码的检查、阅读和理解。

1. 格式

(1)缩进：空一行缩进两格。即源程序文件不同部分之间要留有空行。如不同的函数之间，头文件之间应空一行，代码对齐可以通过空格或 Tab 键，while、if 等语句的"{""}"配对对齐应空两格。缩进格式示例图如图 0-28 所示。

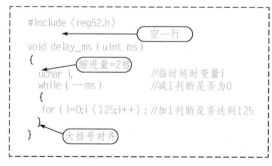

图 0-28　缩进格式示例图

(2)程序结构。C51 对 main()函数的放置位置没有限定，可以先头文件声明，然后依次是全局变量声明、自定义函数，最后是 main()函数。最好是将 main()函数放在自定义函数之前，即次序为：头文件声明、自定义函数和全局变量声明、main()函数和自定义函数。

C51 的语句对一行写多少条语句也没有要求，最好是将每个语句单独写在一行或者共同执行同一功能的语句放在一行。

2. 注释

C51 的语句注释同其他语言一样其作用是对语句的功能进行说明，编译器编译时不会产生目标代码。

C51 中常采用两种形式的注释：

(1)使用"//"来注释一行。如"//临时延时变量 i"表示在"//"符号后面的一行全部为注释内容。

(2)使用"/＊"开始、"＊/"结尾进行多行的注释。如"/＊临时变量＊/"表示在符号"/＊"和"＊/"之间的内容"临时变量"为注释。

3. 命名

C51 对于函数、常量和变量的命名没有什么特殊要求，只要符合 C51 规范能通过编译器编译都是可以的。这里的命名规定也是为了方便对程序的理解。通常命名要求清晰明了，有明确含义，使用完整单词或约定俗成的缩写。较短的单词可通过去掉元音字母形成缩写；较长的单词可取单词的头几个字母形成缩写，即见名知意。

(1)变量命名：变量一般用小写字母(特殊除外)来命名，对于有实际意义的变量或全局变量尽量写全名，多个词的词与词之间用下划线分隔。如：intresults[10]＝{0}；int flag；对于普通的变量，如循环次数：int i, j；可以缩写、简写。

(2)常量命名：主要指宏定义、实义单词(有实际意义的单词、非量词、冠词之类)。宏和常量用全部大写字母来命名，词与词之间用下划线分隔。

(3)函数命名：函数名用小写字母命名；缩写的全大写；多个词还是采用"谓宾"结构用下划线连接。如：UART()；LCD()；Init_Port()。

(4)对于经常使用的常量、端口定义、经常改变的常量，尽量用宏定义，提高移植性。如：♯define K2 32 。

五、知识拓展

单片机的看门狗

看门狗电路是用来专门监控单片机的运行状态的。在单片机应用系统中，由于单片机的工作常常会受到来自外界电磁场的干扰，造成程序跑飞而陷入死循环，程序的正常运行被打断，会造成系统陷入停滞状态，发生不可预料的后果，所以出于对单片机运行状态进行实时监测的考虑，便产生了一种专门用于监测单片机程序运行状态的芯片，俗称"看门狗"。AT89S52 单片机自带看门狗电路，对于不带看门狗功能的单片机也可以由专门看门狗的芯片来实现。

六、思考与练习

1. 说明 51 单片机的主要特点是什么。

2. 说明 AT89S52 单片机的内部结构是由哪几部分组成的。

3. 画出 AT89S52 单片机的存储器映像图。

4. 画出 AT89S52 单片机最小系统原理图。

5. 说明使用 MedWin 软件进行项目开发的主要步骤是什么。

6. 完成下列数值的数制转换：

（1）$(28)_D = ($ 　　　　$)_B = ($ 　　$)_H$；

（2）$(28)_H = ($ 　　　　$)_B = ($ 　　$)_D$；

（3）$(10100101)_B = ($ 　　　　$)_H = ($ 　　$)_D$。

乒乓球游戏控制器的制作

1.1 项目介绍

乒乓球作为我国的国球，得到很多人的喜爱。它集健身、竞技、娱乐于一体，不仅可以锻炼身体，还可以练习头脑的灵活性、眼睛的反应力以及全身的协调性。图 1-1 所示为乒乓球游戏示意图。

图 1-1　乒乓球游戏示意图

乒乓球游戏控制器使用发光二极管模拟乒乓球，用点亮的发光二极管按一定方向的位移表示球的运动位置。游戏控制器由单人来操作，用一个按键控制击球和蓄力，蓄力时间越长，等级越高，球移动的速度越快。YL—236 实训平台中配备包含 8 个发光二极管的 MCU04 显示模块，配备包含按键的 MCU06 指令模块。

1.2 项目知识

1.2.1 设备硬件连接

使用香蕉头连接线将 MCU02 电源模块上的 5 V 电源（＋5 V）、5 V 地（GND）接到 MCU01 主机模块的 5 V 电源和 5 V 地，将主机模块上的 $\overline{\text{EA}}$ 选择开关拨至"1"位，将仿真头直插在主机模块上，确认连接无误后接通电源，当 MCU01 主机模块中电源指示灯点亮时说明连线正确。

1.2.2 MedWin V3 软件使用进阶

双击""图标，打开 MedWin V3 软件。按照绪论中步骤新建工程并输入绪论中源代码后，程序进入编译调试阶段。

程序编写完成后，对程序进行编译。如图 1-2 所示，为编译按钮，从左到右的功能依次为"产生代码""重新产生代码""编译/汇编""产生代码并装入""重新产生代码并装入"，这些功能也可以在菜单中选择或者利用快捷键来实现，如图 1-3 所示。

图 1-2 编译按钮

图 1-3 编译菜单选择

编译通过无错误后，运行程序并调试。单击"调试"菜单，如图 1-4 所示，菜单功能可

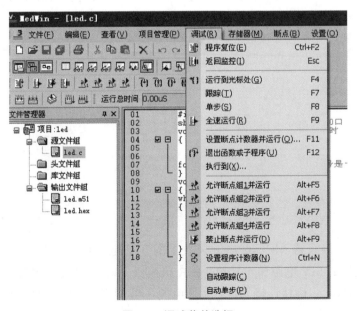

图 1-4 调试菜单选择

以用界面按钮或者快捷键完成。可以"全速运行"，中间不停止，可以看到该段程序执行的总体效果，即最终结果正确还是错误。单步执行是每执行一次程序，执行完该行程序即停止，等待命令执行下一行程序。此时可以观察该行程序执行完以后得到的结果是否与我们写该行程序所想要的结果相同，借此可以找到程序中的问题所在。程序调试中，这两行运行方式得要用到。

也可以通过设置断点，使程序运行至断点，查看运行结果。如图 1-5 所示，此功能也可以用界面按钮或者快捷键完成，设置的断点可清除。

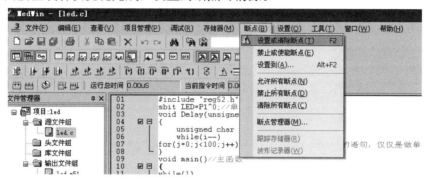

图 1-5　设置或清除断点

如果想要观察程序中某个变量在单步工作时的变化情况，可以在观察窗口查看。如图 1-6 所示，单击"查看"菜单，单击"观察窗口 1"选项，弹出如图 1-7 所示的"观察窗口 1"界面，输入表达式后，即可查看表达式的值。

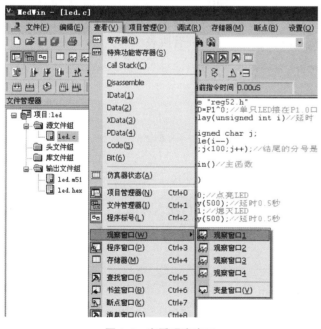

图 1-6　查看观察窗口

图 1-7　"观察窗口 1"界面

1.3 项目操作训练

1.3.1 任务一 LED 报警灯的制作

1.3.1.1 任务要求

1. LED 报警灯描述及有关说明

单只 LED 闪烁报警。

2. 系统控制要求

系统上电，单只 LED 闪烁报警。

如何用单片机
控制一个灯

1.3.1.2 任务分析

发光二极管，也叫 LED，是一种常用的指示器件，例如电源指示、工作指示等。有不少设备，往往采用发光二极管的闪烁来表示系统正常工作。发光二极管种类很多，如图 1-8 所示的是一种普通亮度发光二极管，其图形符号如图 1-9 所示，当在它的 A 和 K 两个电极加上合适的电压时，它就会亮起来，但是在连接电源的时候，一定要串接一个电阻，用来控制亮度。这里需要注意的是发光二极管也有正负极，管脚长的为正极，短的为负极。

图 1-8 发光二极管实物图　　　　图 1-9 发光二极管的图形符号

LED 与单片机连接如图 1-10 所示，给单片机 P1.0 口输入低电平，即"0"时，LED 点亮；给 P1.0 口输入高电平，即"1"时，LED 熄灭。

图 1-10 LED 与单片机连接图

1.3.1.3 硬件电路

使用 YL—236 实训考核装置模拟实现本任务，其硬件模块接线如图 1-11 所示。

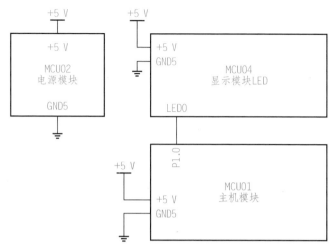

图 1-11　LED 报警灯模块接线图

该电路由单片机的主机模块、LED 显示模块及电源模块共同组合而成。电源模块为各部分电路提供电源。

1.3.1.4　任务程序的编写

1. 主程序流程图

LED 报警灯主程序流程图如图 1-12 所示。

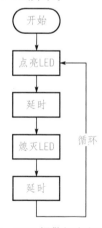

图 1-12　LED 报警灯主程序流程图

2. 参考程序

根据图 1-12 LED 报警灯主程序流程图编写的程序如下：

3. 程序说明

流水灯控制
技术（程序）

本程序通过延时来控制 LED 亮灭的时间。"for(j＝0；j＜50000；j＋＋)；"这条语句结尾的分号表示这个 for 循环语句不需要循环任何内容，仅仅是做单位延时。

31

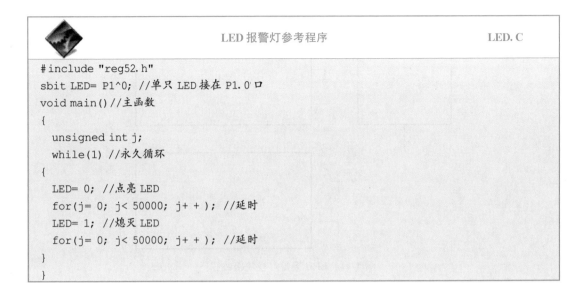

```
#include "reg52.h"
sbit LED= P1^0; //单只 LED 接在 P1.0 口
void main()//主函数
{
  unsigned int j;
  while(1) //永久循环
{
  LED= 0; //点亮 LED
  for(j= 0; j< 50000; j+ + ); //延时
  LED= 1; //熄灭 LED
  for(j= 0; j< 50000; j+ + ); //延时
}
}
```

| | LED 报警灯参考程序 | LED. C |

1.3.1.5　任务实施步骤

(1)硬件电路连接：按照图 1-11 所示的硬件电路接线图，选择所需的模块并进行布局，然后将电源模块、主机模块和显示模块用导线进行连接。单片机使用仿真器的仿真头来代替接入。

(2)打开 MedWin 软件，通过执行菜单"项目管理"→"新建项目"命令，新建立一个工程项目 LED，然后再建一个文件名为 LED.C 的源程序文件，将上面的参考程序输入并保存。

(3)单击"重新产生代码并装入"按钮或使用【Ctrl】+【F9】快捷键，对源程序进行编译和链接，产生目标代码并装入仿真器中。

(4)接通电源，让仿真器运行，观察电源指示灯是否亮起，查看程序运行结果。

(5)进行扎线，整理。

1.3.1.6　任务评价

任务完成后要填写任务评价表，见表 1-1。

表 1-1　任务一完成情况评价表

任务名称			评价时间		年　　月　　日		
小组名称		小组成员					
评价内容	评价要求	权重	评价标准	学生自评得分	小组评价得分	教师评价得分	合计
职业与安全意识	(1)工具摆放、操作符合安全操作规程； (2)遵守纪律，爱惜设备和器材，工位整洁； (3)具有团队协作精神	10%	好(10) 较好(8) 一般(6) 差(<6)				

续表

评价内容	评价要求	权重	评价标准	学生自评得分	小组评价得分	教师评价得分	合计
模块的布局和布线工艺	(1)模块布局合理，模块的选择应符合要求； (2)根据需要选择不同颜色的导线进行连接，导线连接应可靠，走线合理，扎线整齐、美观	15%	好(15) 较好(12) 一般(9) 差(<9)				
任务功能测试	(1)编写的程序能成功编译； (2)程序能正确烧写到芯片中； (3)LED闪烁	60%	好(60) 较好(45) 一般(30) 差(<30)				
问题与思考	(1)如何改变闪烁频率？ (2)使用两只LED报警灯，以不同的频率闪烁	15%	好(15) 较好(12) 一般(9) 差(<6)				
教师签名			学生签名			总分	
任务评价＝学生自评(0.2)＋小组评价(0.3)＋教师评价(0.5)							

1.3.2 任务二 LED 流水灯的制作

1.3.2.1 任务要求

流水灯控制技术
(项目实施)

1. LED 流水灯描述及有关说明

8 只 LED 灯流水形式从 LED0 至 LED7 循环闪烁。

2. 系统控制要求

系统上电，8 只 LED 灯流水形式从 LED0 至 LED7 循环闪烁。

1.3.2.2 任务分析

本任务中关键点在于改变与 LED 连接的单片机 I/O 口的数据实现 LED 的亮灭。为了简化编程，将 8 只 LED 连接的 P0 口整体赋值。如图 1-13 所示的硬件模块接线图所示，P0 口的值如表 1-2 所示。由此我们发现，"0"循环左移，从而实现从 LED0 到 LED7 的循环闪烁。

表 1-2 LED 流水灯 P0 口真值表

8 只 LED	LED7	LED6	LED5	LED4	LED3	LED2	LED1	LED0
P0 口	P0.7	P0.6	P0.5	P0.4	P0.3	P0.2	P0.1	P0.0
点亮 LED0	1	1	1	1	1	1	1	0
点亮 LED1	1	1	1	1	1	1	0	1
点亮 LED2	1	1	1	1	1	0	1	1
点亮 LED3	1	1	1	1	0	1	1	1
点亮 LED4	1	1	1	0	1	1	1	1
点亮 LED5	1	1	0	1	1	1	1	1
点亮 LED6	1	0	1	1	1	1	1	1
点亮 LED7	0	1	1	1	1	1	1	1

1. 循环左/右移指令

在使用循环左/右移指令时，必须包含头文件"intrins. h"。

_ crol _（）字符表示循环左移；_ cror _（）字符表示循环右移。

```
unsigned char j= 0;
unsigned char num= 0xb1;
j= _ crol_ (num, 1); //将 num 的值左移 1 位，移出的最高位补到最低位，执行后 j= 01100011B
j= _ crol_ (num, 2); //将 num 的值左移 2 位，移出的位依次补到低位，执行后 j= 11000110B
j= _ cror(num, 1); //将 num 的值右移 1 位，移出的最高位补到最低位，执行后 j= 11011000B
j= _ cror_ (num, 2); //将 num 的值右移 2 位，移出的最高位补到最低位，执行后 j= 01101100B
```

2. 左/右移指令

"<<"表示左移；">>"表示右移。

```
unsigned char j= 0;
unsigned char num= 0xb1;
j= num< < 1; //将 num 的值左移 1 位，高位移出，低位补 0，执行后 j= 01100010B
j= num< < 2; //将 num 的值左移 2 位，高位移出，低位补 0，执行后 j= 11000100B
j= num> > 1; //将 num 的值右移 1 位，低位移出，高位补 0，执行后 j= 01011000B
j= num> > 2; //将 num 的值右移 2 位，低位移出，高位补 0，执行后 j= 00101100B
```

1.3.2.3 硬件电路

用 YL—236 实训考核装置实现本任务要求的硬件模块接线图如图 1-13 所示。

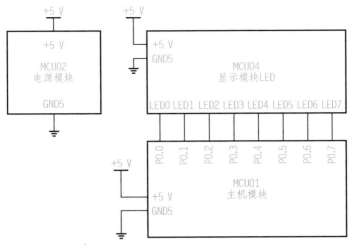

图 1-13　LED 流水灯模块接线图

　　该电路由主机模块、LED 显示模块以及电源模块共同组合而成。电源模块为各部分电路提供电源。

1.3.2.4　任务程序的编写

1. 主程序流程图

LED 流水灯的主程序流程图如图 1-14 所示。

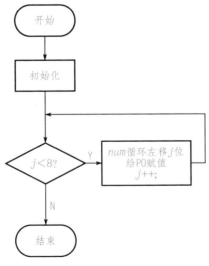

图 1-14　LED 流水灯的主程序流程图

2. 参考程序

　　根据图 1-14 LED 流水灯程序设计流程图，我们编写的任务二的参考程序 LED8.C 如下：

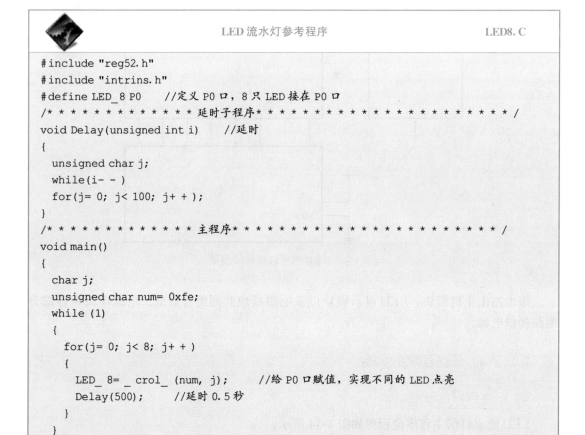

```
#include "reg52.h"
#include "intrins.h"
#define LED_8 P0       //定义 P0 口，8 只 LED 接在 P0 口
/* * * * * * * * * * * 延时子程序* * * * * * * * * * * * * * * * * * * * * * /
void Delay(unsigned int i)     //延时
{
  unsigned char j;
  while(i- - )
  for(j= 0; j< 100; j+ + );
}
/* * * * * * * * * * * 主程序* * * * * * * * * * * * * * * * * * * * * * * /
void main()
{
  char j;
  unsigned char num= 0xfe;
  while (1)
  {
    for(j= 0; j< 8; j+ + )
    {
      LED_8= _ crol_ (num, j);      //给 P0 口赋值，实现不同的 LED 点亮
      Delay(500);      //延时 0.5 秒
    }
  }
}
```

LED 流水灯参考程序 —— LED8. C

3. 程序说明

本程序主要通过改变与 LED 连接的 I/O 口的值来实现亮灭。为了使 LED 亮一段时间，用 Delay()延时子程序实现。调用 Delay(500)，实现 500 ms 延时，即 0.5 秒。改变参数，即可实现不同时间的延时。

1.3.2.5　任务实施步骤

(1)硬件电路连接：按照图 1-13 所示的硬件电路接线图，选择所需的模块并进行布局，然后将电源模块、主机模块和 LED 显示模块用导线进行连接。单片机使用仿真器的仿真头来代替接入。

(2)打开 MedWin 软件，通过执行菜单"项目管理"→"新建项目"命令，新建立一个工程项目 LED8，然后再建一个文件名为 LED8.C 的源程序文件，将上面的参考程序输入并保存。

(3)单击"重新产生代码并装入"按钮或使用【Ctrl】+【F9】快捷键，对源程序进行编译和链接，产生目标代码并装入仿真器中。

(4)接通电源，让仿真器运行，观察程序运行结果。

(5)进行扎线，整理。

1.3.2.6 任务评价

任务完成后，要填写任务评价表，见表1-3。

表 1-3 任务二完成情况评价表

任务名称				评价时间		年 月 日		
小组名称			小组成员					
评价内容	评价要求	权重	评价标准	学生自评得分	小组评价得分	教师评价得分	合计	
职业与安全意识	(1)工具摆放、操作符合安全操作规程； (2)遵守纪律，爱惜设备和器材，工位整洁； (3)具有团队协作精神	10%	好(10) 较好(8) 一般(6) 差(<6)					
模块的布局和布线工艺	(1)模块布局合理，模块的选择应符合要求； (2)根据需要选择不同颜色的导线进行连接，导线连接应可靠，走线合理，扎线整齐、美观	15%	好(15) 较好(12) 一般(9) 差(<9)					
任务功能测试	(1)编写的程序能成功编译； (2)程序能正确烧写到芯片中； (3)能按任务要求实现LED流水灯	60%	好(60) 较好(45) 一般(30) 差(<30)					
问题与思考	(1)如何改变LED流水灯闪烁频率？ (2)如何实现不同花色的流水灯	15%	好(15) 较好(12) 一般(9) 差(<6)					
教师签名			学生签名			总分		
任务评价=学生自评(0.2)+小组评价(0.3)+教师评价(0.5)								

1.3.3 任务三 键控流水灯控制器的制作 ▶▶▶

1.3.3.1 任务要求

◎ 1. 键控流水灯描述及有关说明

键控流水灯控制器制作（项目实施）

按键控制LED流水灯的启、停，8只LED灯流水形式从LED0至LED7循环闪烁。

（1）显示：由 8 只 LED 灯组成。

（2）独立键盘：SB1 实现"启动"功能；SB2 实现"停止"功能。

2. 系统控制要求

系统上电，8 只 LED 灯全部熄灭。按下"启动"按键，8 只 LED 灯从 LED0 至 LED7 循环闪烁，按下"停止"按键，8 只 LED 灯全部熄灭。

1.3.3.2 任务分析

本任务中最关键的地方在于按键控制流水灯启动和停止。

1. 按键的基本知识

单片机控制系统常用的是机械式微型按键，其实物图与电气符号如图 1-15 所示。按键一端接在单片机的 I/O 口上，一端接地。当 S1 按键按下时，P2.0 为低电平"0"，S1 未按下时，P2.0 为高电平"1"。

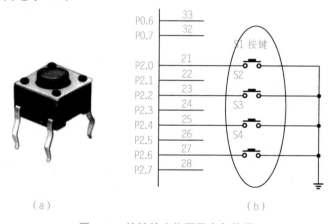

（a）

（b）

图 1-15　按键的实物图及电气符号

(a)实物图；(b)电气符号

2. 机械触点按键的防抖动问题

当机械触点的按键按下与释放时，因机械触点的弹性作用，在闭合与断开的瞬间均有一个抖动过程，如图 1-16 所示。当按键闭合与松开时，在 10 ms 内有抖动，造成按键瞬间多次接通与释放，这种抖动对程序控制会产生重大影响，单片机的执行速度是非常快的，当按键抖动时，会让程序判断执行产生错误，造成控制不稳定甚至无法预料的结果。

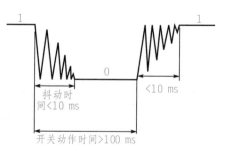

图 1-16　机械触点按键的抖动过程

使用按键控制时必须想办法消除这种抖动的影响。一般有两种处理方法，一种是在按键电路外围加一些硬件的方法来消除抖动，在按键数较少时可用。还有一种方法是采用程序设计，即软件去抖动法。软件去抖动法用得比较多。其基本思想是：检测到有键按下，则该按键对应的单片机接口为低电平，软件延时 10 ms 后，如仍为低电平，则确认该接口处有键按下。当键松开时，接口为高电平，软件延时 10 ms 后，如接口仍为高电平，说明按键已松开。采取以上措施后，就能躲开两个抖动期对程序的影响。

1.3.3.3 硬件电路

用 YL—236 实训考核装置实现本任务要求的硬件模块接线图如图 1-17 所示。

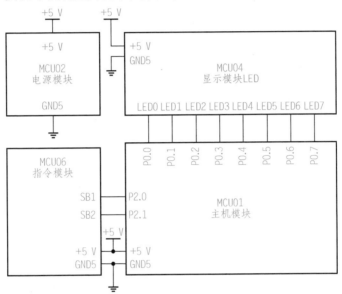

图 1-17 键控流水灯控制器模块接线图

该电路由主机模块、LED 显示模块、指令模块以及电源模块共同组合而成。电源模块为各部分电路提供电源。

1.3.3.4 任务程序的编写

1. 主程序流程图

键控流水灯控制器主程序设计流程图如图 1-18 所示。

2. 参考程序

根据图 1-14 LED 流水灯主程序设计流程图，我们编写的任务三的参考程序 KEYLED.C 如下：

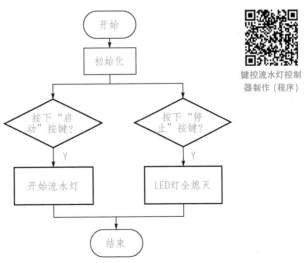

键控流水灯控制器制作（程序）

图 1-18 键控流水灯控制器主程序设计流程图

| 键控流水灯控制器参考程序 | KEYLED. C |

```c
#include "reg52.h"
#include "intrins.h"
#define LED_8 P0      //定义 P0 口，8 只 LED 接在 P0 口
/* * * * * * * * * * * * 延时子程序* * * * * * * * * * * * * * * * * * * * * * * /
void Delay(unsigned int i)     //延时
{
  unsigned char j;
  while(i- - )
  for(j= 0; j< 100; j+ + );
}
/* * * * * * * * * * * 独立按键* * * * * * * * * * * * * * * * * * * * * * * /
bit fg= 0;      //启动、停止的标志位
sbit SB1=  P2^0;       //"启动"按键
sbit SB2=  P2^1;       //"停止"按键
void KEY()     //按键
{
  if(SB1= = 0 ‖ SB2= = 0)     //判断按键有无按下
  {
    Delay(10);      //防抖动
    {
      if(SB1= = 0) fg= 1;     //启动后，fg 为 1
      if(SB2= = 0) fg= 0;     //停止后，fg 为 0
    }
      while(SB1= = 0 ‖ SB2= = 0);      //等待键释放
  }
}
/* * * * * * * * * * * * 主程序* * * * * * * * * * * * * * * * * * * * * * /
void main()
{
char j;
unsigned char num= 0xfe;
  while (1)
  {
    KEY();      //调用按键子程序
    if(fg= = 1)
    {  //按下启动按键
    for(j= 0; j< 8; j+ + )
    {
      LED_8= _ crol_ (num, j);      //给 P0 口赋值，实现不同的 LED 灯点亮
      Delay(500);     //延时 0.5 秒
    }
    }
else LED_8= 0xff;      //按下停止按键后，LED 灯全熄灭
  }
}
```

3. 程序说明

本程序主要通过独立按键来控制 LED 流水灯的启动与停止，使用延时来消除按键的抖动。

1.3.3.5 任务实施步骤

(1)硬件电路连接:按照图 1-17 所示的硬件电路接线图,选择所需的模块并进行布局,然后将电源模块、主机模块和 LED 显示模块用导线进行连接。单片机使用仿真器的仿真头来代替接入。

(2)打开 MedWin 软件,通过执行菜单"项目管理"→"新建项目"命令,新建立一个工程项目 KEYLED,然后再建一个文件名为 KEYLED.C 的源程序文件,将上面的参考程序输入并保存。

(3)单击"重新产生代码并装入"按钮或使用【Ctrl】+【F9】快捷键,对源程序进行编译和链接,产生目标代码并装入仿真器中。

(4)接通电源,让仿真器运行,观察程序运行结果。

(5)进行扎线,整理。

1.3.3.6 任务评价

任务完成后要填写任务评价表,见表 1-4。

表 1-4 任务三完成情况评价表

任务名称				评价时间		年 月 日		
小组名称			小组成员					
评价内容	评价要求	权重		评价标准	学生自评得分	小组评价得分	教师评价得分	合计
职业与安全意识	(1)工具摆放、操作符合安全操作规程; (2)遵守纪律,爱惜设备和器材,工位整洁; (3)具有团队协作精神	10%		好(10) 较好(8) 一般(6) 差(<6)				
模块的布局和布线工艺	(1)模块布局合理,模块的选择应符合要求; (2)根据需要选择不同颜色的导线进行连接,导线连接应可靠,走线合理,扎线整齐、美观	15%		好(15) 较好(12) 一般(9) 差(<9)				
任务功能测试	(1)编写的程序能成功编译; (2)程序能正确烧写到芯片中; (3)能按任务要求实现键控 LED 流水灯	60%		好(60) 较好(45) 一般(30) 差(<30)				
问题与思考	(1)如何使用一个按键实现"启动""停止"两个功能? (2)如何增加流水灯的花样	15%		好(15) 较好(12) 一般(9) 差(<6)				
教师签名				学生签名			总分	
任务评价=学生自评(0.2)+小组评价(0.3)+教师评价(0.5)								

1.3.4 任务四 乒乓球游戏控制器的制作

1.3.4.1 任务要求

1. 乒乓球游戏控制器的描述及有关说明

按键控制 LED 流水灯的启、停，8 只 LED 灯流水形式从 LED0 至 LED7 循环闪烁。

(1)显示：由 8 只 LED 灯组成。

(2)独立键盘：SB1 实现击打、蓄力按键，SB1 按下为蓄力，蓄力后松开为击打；若 LED 从右往左移动，击打成功后，LED 从左往右移动；若 LED 从左往右移动，击打成功后，LED 从右往左移动；SB2 实现开始/停止游戏按键。

2. 系统控制要求

系统上电，8 只 LED 灯全部熄灭。按下"开始/停止"按键，开始游戏，LED 从右往左移动，按下 SB1，开始蓄力，当 LED 移动至最左侧时松开则击打成功，LED 从左到右移动，依次循环击打，移动速度根据蓄力程度大小分为 3 个等级，按键按下的时间越长，则蓄力越大。1 等级蓄力最小，移动速度最慢；2 等级蓄力中等，移动速度中等；3 等级蓄力最大，移动速度最快。未到 LED 最左侧松开 SB1 或超过最左侧时，视为击打失败，游戏结束，LED 闪烁两次后，开始下一轮游戏。再次按下"开始/停止"按键，游戏停止，LED 流水灯全部熄灭。

1.3.4.2 任务分析

本任务中最关键点是根据按键按下的时间长短来判断蓄力的大小，按下的时间越长，则蓄力越大。在程序中利用一个变量 k_time 来表示按下时间的长短，k_time 从击打按键按下时开始自动加 1，直到按键松开时自加停止，这样 k_time 越大，蓄力越大，等级越高。

1.3.4.3 硬件电路

用 YL—236 实训考核装置实现本任务要求的硬件模块接线图如图 1-19 所示。

该电路由主机模块、LED 显示模块、指令模块以及电源模块共同组合而成。电源模块为各部分电路提供电源。

1.3.4.4 任务程序的编写

1. 主程序流程图

乒乓球游戏控制器主程序设计流程图如图 1-20 所示。

乒乓球游戏控制器
制作（程序）

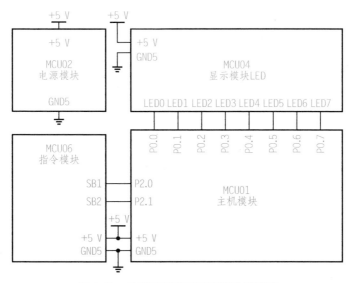

图 1-19　乒乓球游戏控制器模块接线图

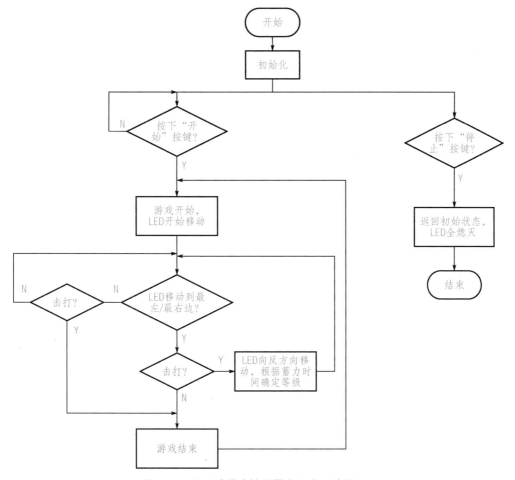

图 1-20　乒乓球游戏控制器主程序设计流程图

2. 参考程序

根据图 1-20 乒乓球游戏控制器主程序设计流程图，我们编写的任务四的参考程序 PINGPANG. C 如下：

	乒乓球游戏控制器参考程序	PINGPANG. C

```c
#include "reg52.h"
#define uchar unsigned char     //为了定义变量书写方便,把无符号字符型表达成uchar
#define uint unsigned int       //为了定义变量书写方便,把无符号整型表达成uint
uchar move_num;       //移动位置
uchar state= 0;       //状态
uchar k_time= 0;      //蓄力时间
uint lev= 1;       //等级
bit fg= 0;       //按键状态
/* * * * * * * * * * * 延时子程序* * * * * * * * * * * * * * * * * * * * * * * * * /
void Delay(uint i)      //延时子程序
{
  uchar j;
  while(i- -)
  for(j= 0; j< 100; j+ +);
}
/* * * * * * * * * * * * 独立按键* * * * * * * * * * * * * * * * * * * * * * * * * * /
#define stop 0       //停止状态
#define left 1       ///球从右向左移动状态
#define right 2      //球从左向右移动状态
#define over 3       //游戏结束状态
sbit SB1= P2^0;       //击打按键
sbit SB2= P2^1;       //开始/停止游戏按键

void KEY2()      //开始/停止按键子程序
{
  if(SB2= = 0)      //判断是否按下开始/停止按键
  {
    Delay(5);      //延时消抖
    if(SB2= = 0)      //判断按键是否按下
    {
      if(state= = stop) state= left;     //开始游戏,球从右往左移动
      else
      {
      state= stop;      //切换到停止状态
      k_time= 0;      //蓄力时间清零
      lev= 1;      //1等级
```

```
        fg= 0;      //按键状态清零
        move_ num= 0;     //LED 移动位置清零
        }
      }
    }
}
void KEY1()     //击打按键子程序
{
if(SB1= = 0&&state> = left)     //开始后，并按下击打按键
  {
    Delay(5);      //延时消抖
    if(SB1= = 0)      //判断是否按下按键
    {
      k_ time++ ;      //记录蓄力时间
      if(k_ time> 3)k_ time= 3;
      if(fg= = 0)fg= 1;      //判断是否蓄力
    }
  }
  else if(SB1&&state= = left&&fg‖SB1&&state= = right&&fg)     //松开击打
  {
    if(move_ num! = 8)     //判断击打位置
    k_ time= 0, state= over, fg= 0;     //参数清零
  }
}
/* * * * * * * * * * 主程序* * * * * * * * * * * * * * * * * * /
void main()
{
    while(1)
    {
      KEY2();      //调用开始/停止按键子程序
      switch (state)
      {
      case left:
      P0= ～(0x01< < move_ num% 8);      //LED 左移
      Delay((4- lev)* 300);      //延时实现不同击打速度
      move_ num++ ;      //球移动位置加1
      KEY1();      //击打按键判断
      if(move_ num> = 8)     //到达击打位置时
        {
        if(SB1&&fg)     //松开击打且已蓄力完毕
          {
            lev= k_ time;      //等级赋值
```

```
        if(lev= = 0) lev= 1;        //保护等级(最小等级不能为0)
        move_ num= 0, state= right, k_ time= 0;
        fg= 0;        //参数清零
      }
      else state= over;        //游戏结束
    }
    break;
    case right:
    P0= ～(0x80> > move_ num% 8);        //LED 右移
    Delay((4- lev)* 300);        //延时实现不同击打速度
    move_ num++ ;        //球移动位置加1
    KEY1();        //击打按键判断
    if(move_ num> = 8)        //到达击打位置
    {
      if(SB1&&fg)        //松开击打且已蓄力完毕
      {
        lev= k_ time;        //等级赋值
        if(lev= = 0) lev= 1;        //保护等级(最小等级不能为0)
        move_ num= 0, state= left, k_ time= 0;
        fg= 0;        //参数清零
      }
    else state= over;        //游戏结束
    }
    break;
    case over:
      P0= 0x00;
      Delay(500);
      P0= 0xff;
      Delay(500);
      P0= 0x00;
      Delay(500);
      P0= 0xff;        //闪烁游戏结束
      move_ num= 0;
      state= left;        //游戏重新开始
      fg= 0;        //参数清零
      lev= 1;        //从等级1开始
    break;
  default: break;
  }
 }
}
```

3. 程序说明

本程序主要通过使用一个独立按键轻触来实现两个功能：开始和停止。长时间按下按键实现长按键功能。

1.3.4.5 任务实施步骤

(1)硬件电路连接：按照图 1-19 所示的硬件电路接线图，选择所需的模块并进行布局，然后将电源模块、主机模块和 LED 显示模块用导线进行连接。单片机使用仿真器的仿真头来代替接入。

(2)打开 MedWin 软件，通过执行菜单"项目管理"→"新建项目"命令，新建立一个工程项目 PINGPANG，然后再建一个文件名为 PINGPANG.C 的源程序文件，将上面的参考程序输入并保存。

(3)单击"重新产生代码并装入"按钮或使用【Ctrl】+【F9】快捷键，对源程序进行编译和链接，产生目标代码并装入仿真器中。

(4)接通电源，让仿真器运行，观察程序运行结果。

(5)进行扎线，整理。

1.3.4.6 任务评价

任务完成后，要填写任务评价表，见表 1-5。

表 1-5　任务四完成情况评价表

任务名称				评价时间		年　　月　　日	
小组名称			小组成员				
评价内容	评价要求	权重	评价标准	学生自评得分	小组评价得分	教师评价得分	合计
职业与安全意识	(1)工具摆放、操作符合安全操作规程； (2)遵守纪律，爱惜设备和器材，工位整洁； (3)具有团队协作精神	10%	好(10) 较好(8) 一般(6) 差(<6)				
模块的布局和布线工艺	(1)模块布局合理，模块的选择应符合要求； (2)根据需要选择不同颜色的导线进行连接，导线连接应可靠，走线合理，扎线整齐、美观	15%	好(15) 较好(12) 一般(9) 差(<9)				
任务功能测试	(1)编写的程序能成功编译； (2)程序能正确烧写到芯片中； (3)能按任务要求实现乒乓球游戏控制器	60%	好(60) 较好(45) 一般(30) 差(<30)				
问题与思考	如何增加更多的蓄力等级	15%	好(15) 较好(12) 一般(9) 差(<6)				
教师签名			学生签名			总分	
任务评价＝学生自评(0.2)+小组评价(0.3)+教师评价(0.5)							

1.4 知识拓展

1.4.1 PWM 调光原理

◎ 1. 占空比

了解 PWM(脉宽调制)调光原理，先得了解一下占空比概念。占空比是指在一串理想的脉冲序列中(如方波)，正脉冲的持续时间与脉冲总周期的比值。例如，如图 1-21 所示，脉冲宽度 $t=1\ \mu s$，信号周期 $T=4\ \mu s$ 的脉冲序列占空比为 0.25。

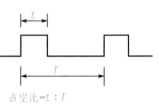

占空比=$t:T$

图 1-21 方波占空比计算

◎ 2. PWM 调光

脉宽调制(PWM)是利用微处理器的数字输出来模拟电路进行控制的一种非常有效的技术，广泛应用在测量、通信、功率控制与变换及 LED 照明灯许多领域中。PWM 是一种对模拟信号电平进行数字编码的方法。通过高分辨率计数器的使用，方波的占空比被调制用来对一个具体模拟信号的电平进行编码。PWM 信号仍然是数字的，因为在给定的任何时刻，满幅值的直流供电要么完全有(ON)，要么完全无(OFF)。电压或电流源是以一种通(ON)或断(OFF)的重复脉冲序列被加到模拟负载上去的。通的时候是直流供电被加到负载上的时候，断的时候即是供电被断开的时候。只要带宽足够，任何模拟值都可以使用 PWM 进行编码。例如，假设供电电源为 9 V，占空比为 10%，则对应的是一个幅度为 0.9 的模拟信号。

1.5 思考与练习

1. 使用 YL—236 单片机实训考核平台完成任务一 LED 报警灯的模拟制作。
2. 使用 YL—236 单片机实训考核平台完成任务二 LED 流水灯的模拟制作。
3. 使用 YL—236 单片机实训考核平台完成任务三键控流水灯的模拟制作。
4. 使用 YL—236 单片机实训考核平台完成任务四乒乓球游戏控制器的模拟制作。

数码管电子钟的制作

2.1 项目介绍

在单片机应用系统中，显示器是一个不可缺少的人机交互设备之一，是单片机应用系统中最基本的输出装置。通常需要用显示器显示运行状态以及中间结果等信息，便于人们观察和监视单片机系统的运行状况。而单片机系统中最为常见的显示器是发光二极管数码显示器(简称 LED 显示器)。LED 显示器具有低成本、配置简单、安装方便和寿命长等特点。但显示内容比较有限，一般不能用于显示图形。图 2-1 所示为日常使用的数码管电子钟。

图 2-1　日常使用的数码管电子钟

YL—236 实训平台中配备一套显示模块——MCU04，其中包含 12864 液晶显示电路、1602 液晶显示电路、点阵显示电路和 8 位数码管显示电路。"8"字形 LED 数码管共 10 个引脚，其中两个引脚为公共电极，这两个公共电极在数码管内部已经连在一起。

2.2 项目知识

2.2.1 数码管的结构

LED 数码管由 8 段发光二极管组成，其中 7 段组成"8"字，1 段组成小数点。通过不同的组合可用来显示数字 0～9、字母 A～F 及符号"."。

按其内部结构可分为共阴极型和共阳极型,如图 2-2 所示。导通时正向压降一般为 1.5～2 V,额定电流为 10 mA,最大电流为 40 mA。共阳极是指数码管的 8 个发光二极管的阳极(二极管正端)连接在一起。通常,公共阳极接高电平(一般接电源),其他管脚接段驱动电路输出端。当某段驱动电路的输出端为低电平时,则该端所连接的字段导通并点亮。根据发光字段的不同组合可显示出各种数字或字符。此时,要求段驱动电路能吸收额定的段导通电流,还需根据外接电源及额定段导通电流来确定相应的限流电阻。

共阴极是指数码管的 8 个发光二极管的阴极(二极管负端)连接在一起。通常,公共阴极接低电平(一般接地),其他管脚接段驱动电路输出端。当某段驱动电路的输出端为高电平时,则该端所连接的字段导通并点亮,根据发光字段的不同组合可显示出各种数字或字符。此时,要求段驱动电路能提供额定的段导通电流,还需根据外接电源及额定段导通电流来确定相应的限流电阻。

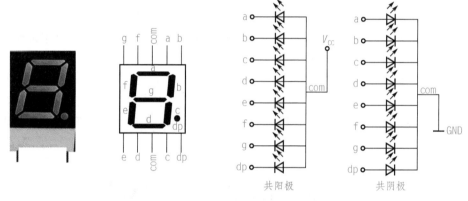

图 2-2 数码管原理图

2.2.2 数码管的工作原理

要使数码管显示出相应的数字或字符,必须使段数据口输出相应的字形编码。字形码各位定义为:数据线 D0 与 a 字段对应,D1 与 b 字段对应,……,依此类推。如使用共阳极数码管,数据为 0 表示对应字段亮,数据为 1 表示对应字段暗;如使用共阴极数码管,数据为 0 表示对应字段暗,数据为 1 表示对应字段亮。如要显示"0",共阳极数码管的字形编码应为:11000000B(即 C0H);共阴极数码管的字形编码应为:00111111B(即 3FH)。依此类推,可求得数码管字形编码如表 2-1 所示。

表 2-1 字形编码表

显示字符	共阳极									共阴极								
	dp	g	f	e	d	c	b	a	字形码	dp	g	f	e	d	c	b	a	字形码
0	1	1	0	0	0	0	0	0	C0H	0	0	1	1	1	1	1	1	3FH
1	1	1	1	1	1	0	0	1	F9H	0	0	0	0	0	1	1	0	06H
2	1	0	1	0	0	1	0	0	A4H	0	1	0	1	1	0	1	1	5BH

续表

显示字符	共阳极									共阴极								
	dp	g	f	e	d	c	b	a	字形码	dp	g	f	e	d	c	b	a	字形码
3	1	0	1	1	0	0	0	0	B0H	0	1	0	0	1	1	1	1	4FH
4	1	0	0	1	1	0	0	1	99H	0	1	1	0	0	1	1	0	66H
5	1	0	0	1	0	0	1	0	92H	0	1	1	0	1	1	0	1	6DH
6	1	0	0	0	0	0	1	0	82H	0	1	1	1	1	1	0	1	7DH
7	1	1	1	1	1	0	0	0	F8H	0	0	0	0	0	1	1	1	07H
8	1	0	0	0	0	0	0	0	80H	0	1	1	1	1	1	1	1	7FH
9	1	0	0	1	0	0	0	0	90H	0	1	1	0	1	1	1	1	6FH
熄灭	1	1	1	1	1	1	1	1	FFH	0	0	0	0	0	0	0	0	00H

显示的具体实施是通过编程将需要显示的字形码存放在程序存储器的固定区域中，构成显示字形码表。当要显示某字符时，通过查表指令获取该字符所对应的字形码。

1. 静态显示方式

静态显示是指数码管显示某一字符时，相应的发光二极管恒定导通或恒定截止。

这种显示方式的各位数码管相互独立，公共端恒定接地（共阴极）或接正电源（共阳极）。每个数码管的 8 个字段分别与一个 8 位 I/O 口地址相连，I/O 口只要有段码输出，相应字符即显示出来，并保持不变，直到 I/O 口输出新的段码。采用静态显示方式，较小的电流即可获得较高的亮度，且占用 CPU 时间少，编程简单，显示便于监测和控制，但其占用的口线多，硬件电路复杂，成本高，只适合于显示位数较少的场合。

2. 动态显式方式

LED 数码管动态显示就是一位一位地轮流点亮各位数码管，对于每一位 LED 数码管来说，每隔一段时间点亮一次，利用人眼的"视觉暂留"效应，采用循环扫描的方式，分时轮流选通各数码管的公共端，使数码管轮流导通显示。当扫描速度达到一定程度时，人眼就分辨不出来了。尽管实际上各位数码管并非同时点亮，但只要扫描的速度足够快，给人的印象就是一组稳定的显示数据，认为各数码管是同时发光的。若数码管的位数不大于 8 位时，只需两个 8 位 I/O 口。一般来说，采用动态显示方式比较节省 I/O 口，硬件电路也较静态显示方式简单，虽然其亮度不如静态显示方式，而且由于要依次扫描须占用 CPU 较多的时间，但为了降低成本，动态显示方案是目前单片机数码管显示中较为常用的一种显示方式。图 2-3 所示为 YL—236 型单片机实训考核装置中七段数码管显示单元的硬件结构图。后面任务中的数码管显示我们均采用动态显示方法。

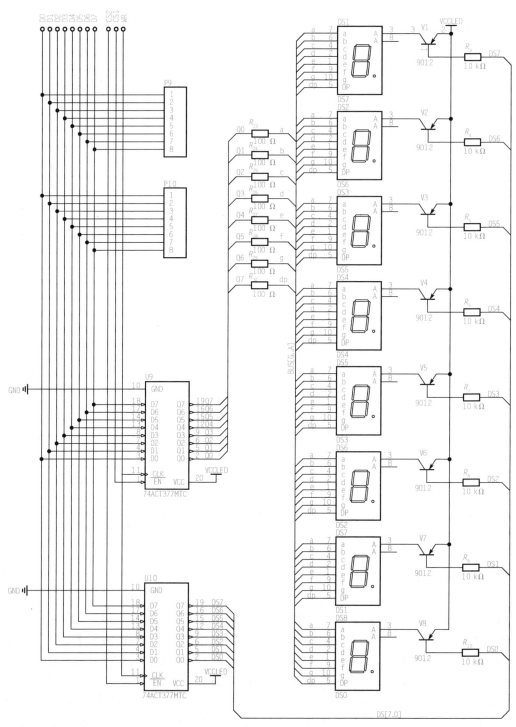

图 2-3 YL—236 型单片机实训考核装置中的 8 位数码管电路

2.2.3 数码管的动态扫描显示方法

动态扫描编程的方法有多种，51系列单片机可以用I/O口设备访问形式控制数码管显示，也可以通过数据总线和控制信号直接采用存储器访问形式进行控制显示。在后面任务中，我们统一采用后者来实现。

动态扫描显示的思路和项目1中"流水灯"相似，即每隔一定的时间使显示数字移位，只要扫描足够快，看起来就像全部显示一样。YL—236型单片机实训装置使用的是共阳极接法的数码管，在软件实现中，先定义所要显示字符的共阳极字形码，根据需要选取后送至位选端。为了稳定发光，再延时一小段时间，使人的眼睛能够看到。为了方便选取字形码，我们可以将所需字形码表放入一个一维数组中，然后按需调取。数组的C语言语法将在本项目C语言知识中详细介绍。

2.3 项目操作训练

数码管显示器数字
显示（项目实施）

2.3.1 任务一 数码管显示器数字显示

2.3.1.1 任务要求

 1. 数码管显示器数字显示描述及有关说明

(1)显示：由8位数码管组成，实现数码管显示器数字显示。

(2)键盘：独立按键SB1，实现0~9和0~99显示切换功能。

2. 系统控制要求

系统上电，数码管静态显示，按下按键可以进行一位数和两位数显示的切换。一位数显示时数码管左起第一位循环显示数字0~9加1计数，两位数显示时数码管左起第一位至第二位显示数字0~99加1计数。

2.3.1.2 任务分析

要完成本任务，需要学习以下知识点。

1. 如何引用数组数据

在程序设计中，为了处理方便，把具有相同类型的若干变量按有序的形式组织起来。这些按序排列的同类数据元素的集合称为数组。在C语言中，数组属于构造数据类型。

(1)一维数组的定义。

定义：数组是有序数据(必须是相同的数据类型结构)的集合。

格式：类型说明符　数组名[常量表达式]。

例如："int a[10]；"表示数组名为 a，有 10 个元素，并且每个元素的类型都是 int 型的。

"float b[10]，c[5]；"说明实型数组 b 有 10 个元素，实型数组 c 有 5 个元素。

注意：

①数组名的命名规则和标示符的命名规则相同。

②常量表达式要用方括号括起来，不能用圆括号，如"int a(10)；"是非法的。

③常量表达式表示数组元素的个数，即数组长度，并且数组的第一个元素是从下标 0 开始的。

④常量表达式可以是常量也可以是符号常量，不能包含变量。C 语言绝对不允许对数组的大小作动态定义。

例如：下面是非法的

```
int n;
scanf("%d", &n);
int a[n];
```

⑤数组的类型实际上就是指数组元素的取值类型，对于同一数组，它所有元素的数据类型都是相同的，可以是 int、char、float 等基本数据类型或构造数据类型。

⑥数组名不能与其他变量名相同。

例如：

```
main()
{
int a;
float a[10];
......
}
```

是非法的。

⑦允许在同一个类型说明中，说明多个数组和多个变量。

例如：int a, b, c, d[10], e[5];

（2）一维数组元素的初始化。

有下列方法初始化：

①在定义数组时，对数组元素赋初值。

例如：int a[10]= {0, 1, 2, 3, 4, 5, 6, 7, 8, 9};

上面的语句等价于

a[0]= 0, a[1]= 1, ……

②可以只给一部分元素赋初值，例如：

int a[10]= {0, 1, 2, 3, 4};

表示只给数组的前 5 个元素赋初值，后 5 个元素的值系统自动默认为 0。

③在对全部数组元素赋初值时，可以不指定数组长度。例如：

int a[5]= {0, 1, 2, 3, 4};

可以改写为：int a[]= {0, 1, 2, 3, 4};

但是，int a[10] = {0, 1, 2, 3, 4};

不能改写为：int a[]= {0, 1, 2, 3, 4};

(3)一维数组的引用。

数组必须先定义，后使用。

C语言规定：只能逐个引用数组元素，而不能一次引用整个数组。

数组的引用形式为：数组名[下标]

其中，下标可以是整型常量也可以是整型表达式。

例如：a[0]= a[5]+ a[7]+ a[2*3]

(4)一维数组的程序举例。

①读 10 个数存入数组中，输出数组中的所有数据。

```
main()
 {
   int i, a[10];
   for(i= 0; i< = 9; i++ )
   a[i]= i;      /* 顺序给数组元素赋初值* /
       for(i= 0; i< = 9; i++ )
   printf("%d", a[i]); /* 顺序输出数组元素* /
 }
```

②读 10 个整数存入数组中，输出平均值。

```
#include < stdio. h>
#define size   10
main()
{
  int x[size], i;
  float s= 0, ave;
  for(i= 0; i< size; i++ )
    scanf("%d", &x[i]);
  for(i= 0; i< size; i++ )
    s+ = x[i];
  ave= s/size;
  printf("%d\ n", ave);
}
```

2. 数据存储区域

Keil C51 存储区域分为程序存储区和数据存储区两大类型。

(1)程序存储区(Program Area)。

欲将声明的数据存放在程序存储区域，可以使用关键字"code"说明。例"unsigned char code i＝10;"则表示 i 为无符号字符型数据，存放区域为程序存储区。

(2)数据存储区(Data Memory)。

数据存储区域分为内部数据存储区、外部数据存储区和特殊功能寄存器寻址区。

内部数据存储区(Internal Data Memory):可以使用关键字"data、idata、bdata"做相应说明。

register:寄存器区,四组寄存器为 R0～R7。

bdata:可位寻址区,寻址范围为 0x20～0x2F。

data:直接寻址区,声明的数据存储范围为内部 RAM 低 128 字节 0x00～0x7F。

例如:"unsigned char data i=10;"则表示 i 为无符号字符型数据,存放区域为数据存储区域(RAM)的低 128 字节范围内。

idata:间接寻址区,声明的数据存储范围为整个内部 RAM 区 0x00～0xFF。例如:"unsigned char idata i=10;"则表示 i 为无符号字符型数据,存放区域为数据存储区域(RAM)内。

外部数据存储区(External Data Memory):可以使用关键字"pdata、xdata"进行说明。

pdata:主要用于紧凑模式,能访问 1 页(256 字节)的外部 RAM,即在访问使用 pdata 定义的数据时,不会影响 P2 口的输出电平(在访问某些自身内部扩展的外部 RAM 时不会影响 I/O 端口)。

例如:"unsigned char pdata i;"则表示 i 为无符号字符型数据,存放区域为外部数据存储区域(RAM)内(只能在一页范围内),具体操作哪一页,可由其他 I/O 口设定。

xdata:可访问 64 KB 的外部数据存储区,地址范围为 0x0000～0xFFFF,同 pdata 一样,在访问芯片自身内部扩展的 RAM 时也不会影响 I/O 端口。

例如:"unsigned char xdata i;"则表示 i 为无符号字符型数据,存放区域为外部数据存储区(RAM)。

特殊功能寄存器寻址区域(Speciac Function Register Memory)——SFR:8051 提供 128 字节的 SFR 寻址区,该区域可以字节寻址、字寻址,能被 8 整除的地址单元还可以位寻址。该区域用于控制定时器、计数器、串口等外围接口。使用时可用关键字"sfr、sfr16、sbit"做相应的声明。

例如:字节寻址"sfr P0=0x80;"表示 P0 口地址为 80H,"="后为 0x00～0xFF 之间的常数。

字寻址"sfr16 T2=0xCC;"指定 Timer2 口地址 T2L=0xCC,T2H=0xCD。

位寻址"sbit EA=0xAF;"指定第 0xAF 位为 EA,即中断允许。

3. 数据存储模式

在使用 C51 时有时我们并没有明确指定所定义的数据的存储类型,然而依然正确。这是由于存储模式决定了没有明确指定存储类型的变量、函数参数等的缺省存储区域。

(1)Small 模式。所有缺省变量参数均装入内部 RAM,优点是访问速度快;缺点是空间有限,只适用于小程序。

(2)Compact 模式。所有缺省变量均位于外部 RAM 区的一页(256 B)。

(3)Large 模式。所有缺省变量可放在多达 64 KB 的外部 RAM 区,优点是空间大,可存变量多;缺点是速度较慢。

2.3.1.3 硬件电路

使用 YL—236 实训考核装置模拟实现本任务，其硬件模块接线如图 2-4 所示。

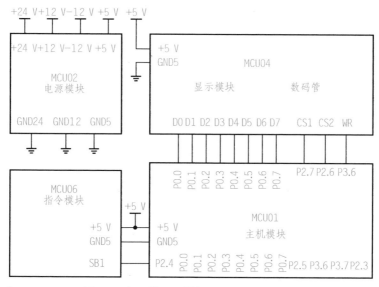

图 2-4 数码管显示器数字显示模块接线图

该电路由单片机的主机模块、数码管显示模块、指令模块中的独立键盘共同组合而成。电源模块为各部分电路提供电源。

2.3.1.4 任务程序的编写

数码管显示器数字
显示（程序）

1. 主程序流程图

数码管显示器数字显示主程序流程图如图 2-5 所示。

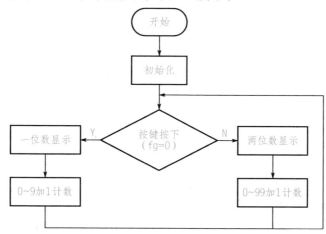

图 2-5 数码管显示器数字显示主程序流程图

2. 参考程序

根据图 2-5 数码管显示器数字显示主程序流程图编写程序，程序如下：

	数码管显示器数字显示参考程序	smgxs. C

```
#include "reg52.h"
#define ON 1
#define OFF 0
bit set_ mark= 0;          //自动和手动切换标志位, 1：自动; 0：手动
bit RUN_ or_ STOP= OFF;    //"启动/停止"标志位, ON：启动; OFF：停止
unsigned char xdata DM;    //段码(P2^7)
unsigned char xdata PX;    //片选(P2^6)
unsigned char code M7G[]=
{   //数码管字模
  0xc0, 0xf9, 0xa4, 0xb0, 0x99, 0x92, 0x82, 0xf8, 0x80, 0x90, 0xff, 0xbf    //0
~9
};
unsigned char str[8]=
{        //数码管缓存
  10, 10, 10, 10, 10, 10, 10, 10,
};
sbit sb1= P2^4;        //一位数和两位数显示切换按键
void Display()
{
  static unsigned char L= 0;
  PX= 255;                    //消影
  DM= M7G[str[L]];            //段码
  PX= ~(0x80> L);             //片选
  L++ ;
  L&= 7;
}
void delay_ us(unsigned char i)     //1个单位为 24 μs
{
  while(i- - );
}

unsigned char as, ad;
unsigned char fg;
void main()
{
  while (1)
  {
    Display();
    if (fg= = 0)      //动态显示 0～9
    {
      str[0]= as;
      as++ ;
      if (as> 9)
```

```
    {
      as= 0;
    }
    delay_ us(50000);
    delay_ us(50000);
    if (sb1== 0)
    {
      fg= 1;
      ad= 0;
      delay_ us(20000);
    }
  }
  if (fg== 1)    //动态显示 0～99

  {
    str[0]= ad% 10;
    str[1]= ad/10;
    ad++ ;
    if (ad> 99)
    {
      ad= 0;
    }
    delay_ us(50000);
    delay_ us(50000);
    if (sb1== 0)
    {
      fg= 0;
      as= 0;
      delay_ us(20000);
    }
  }
 }
}
```

3. 程序说明

本程序使用数码管进行数字显示，按键 SB1 进行一位数字 0～9 数码管显示和两位数字 0～99 数码管显示的切换。

2.3.1.5 任务实施步骤

(1)硬件电路连接：按照图 2-4 所示的硬件电路接线图，选择所需的模块并进行布局，然后将电源模块、主机模块和数码管模块、指令模块中的独立键盘用导线进行连接。单片机使用仿真器的仿真头来代替接入。

(2)打开 MedWin 软件，通过执行菜单"项目管理"→"新建项目"命令，新建立一个工程项目 smgxs，然后再建一个文件名为 smgxs. C 的源程序文件，将上面的参考程序输入并保存。

（3）单击"重新产生代码并装入"按钮或使用【Ctrl】+【F9】快捷键，对源程序进行编译和链接，产生目标代码并装入仿真器中。

（4）接通电源，让仿真器运行，观察电源指示灯是否亮起，通过对应按键操作检测检测室内温度是否正常显示在数码管上。

（5）进行扎线，整理。

2.3.1.6 任务评价

任务完成后，要填写任务评价表，见表2-2。

表 2-2 任务一完成情况评价表

任务名称				评价时间		年 月 日	
小组名称			小组成员				
评价内容	评价要求	权重	评价标准	学生自评得分	小组评价得分	教师评价得分	合计
职业与安全意识	（1）工具摆放、操作符合安全操作规程； （2）遵守纪律，爱惜设备和器材，工位整洁； （3）具有团队协作精神	10%	好(10) 较好(8) 一般(6) 差(<6)				
模块的布局和布线工艺	（1）模块布局合理，模块的选择应符合要求； （2）根据需要选择不同颜色的导线进行连接，导线连接应可靠，走线合理，扎线整齐、美观	15%	好(15) 较好(12) 一般(9) 差(<9)				
任务功能测试	（1）编写的程序能成功编译； （2）程序能正确烧写到芯片中； （3）通过按下按键能够使数码管正确显示切换	60%	好(60) 较好(45) 一般(30) 差(<30)				
问题与思考	（1）怎样增加数码管显示位数？ （2）如何进行数字的闪烁显示	15%	好(15) 较好(12) 一般(9) 差(<6)				
教师签名				学生签名		总分	
任务评价=学生自评(0.2)+小组评价(0.3)+教师评价(0.5)							

2.3.2 任务二 数码管计分器的制作

2.3.2.1 任务要求

在举行一些体育比赛，如乒乓球、羽毛球、排球和篮球等球类比赛

数码管计数器的制作（项目实施）

时，经常会用到电子计分器来给参赛的每一支队伍进行计分。多功能的数码管电子计分器不仅可以显示比赛双方的分数，而且还可以显示获胜局数及倒计时等功能。

1. 数码管计分器制作描述及有关说明

（1）显示：由 8 位数码管组成，实现数码管显示器数字显示。

（2）键盘：加分按键 SB1 实现计数值每次加 1，减分按键 SB2 实现计数值每次减 1，复位按键 SB3 实现计数值归零。

2. 系统控制要求

本任务主要完成对比赛选手的计分功能，使用两位 LED 数码管显示参赛者的得分信息，并手动实现加、减分功能。由于是两位计数显示，因此最大计数值为 99，当超过 99 时，重新从 0 开始计数。

2.3.2.2 任务分析

要完成本任务，需要学习以下知识点。

中断

（1）中断的概念。当 CPU 正在处理某项事务时，如果外界或者内部发生了紧急事件，要求 CPU 暂停正在处理的工作而去处理这个紧急事件，待处理完后，再回到原来中断的地方，继续执行原来被中断的程序，这个过程就称为中断。其流程如图 2-6 所示。

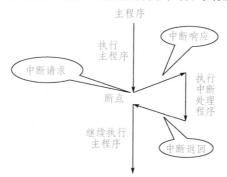

图 2-6　中断程序处理流程

（2）中断源。产生中断的请求源称为中断源。

MCS—51 单片机的中断源可分为三类：外部中断、定时/计数中断和串行口中断。

①外部中断。

外部中断 0（$\overline{INT0}$）：来自 P3.2 引脚，采集到低电平或者下降沿时，产生中断请求。

外部中断 1（$\overline{INT1}$）：来自 P3.3 引脚，采集到低电平或者下降沿时，产生中断请求。

②定时/计数中断。

定时器/计数器 0（T0）：定时功能时，计数脉冲来自片内；计数功能时，计数脉冲来自片外 P3.4 引脚。发生溢出时，产生中断请求。

定时器/计数器 1（T1）：定时功能时，计数脉冲来自片内；计数功能时，计数脉冲来自片外 P3.5 引脚。发生溢出时，产生中断请求。

③串行口中断。

为完成串行数据传送而设置。单片机完成接收或发送一组数据时，产生中断请求。

(3)中断特殊功能寄存器。

①定时/计数控制寄存器(TCON)：

TCON (88H)	位地址	8FH	8EH	8DH	8CH	8BH	8AH	89H	88H
	位符号	TF1	TR1	TF0	TR0	IE1	IT1	IE0	IT0

- IT0 和 IT1——外部中断 0 和 1 触发方式控制位。

  IT0(IT1)＝1　　脉冲触发方式，下降沿有效；

  IT0(IT1)＝0　　电平触发方式，低电平有效。

- TF0/TF1——定时/计数器中断申请标志位(该位置 1 说明产生了中断信号)。

- IE0 和 IE1——外部中断 0 和 1 请求标志位。

②中断允许控制寄存器(IE)：

IE (A8H)	位地址	AFH	AEH	ADH	ACH	ABH	AAH	A9H	A8H
	位符号	EA	/	(ET2)	ES	ET1	EX1	ET0	EX0

- EA —— 中断允许总控制位。

  EA＝0　　中断总禁止，禁止所有中断；

  EA＝1　　中断总允许，总允许后中断的禁止或允许由各中断源的中断允许控制位进行设置。

- EX0 和 EX1 —— 外部中断 0 和 1 允许控制位。

  EX0(EX1)＝0　　禁止外部中断 0(1)的中断；

  EX0(EX1)＝1　　允许外部中断 0(1)的中断。

- ET0 和 ET1 —— 定时/计数器 0 和 1 中断允许控制位。

  ET0(ET1)＝0　　禁止定时/计数器 T0(T1)的中断；

  ET0(ET1)＝1　　允许定时/计数器 T0(T1)的中断。

- ES ——串行中断允许控制位。

  ES＝0　　禁止串行中断；

  ES＝1　　允许串行中断。

- ET2 —— 定时/计数器 2 中断允许控制位(8052 系列单片机使用)。

③中断优先级控制寄存器(IP)：

IP (B8H)	位地址	BFH	BEH	BDH	BCH	BBH	BAH	B9H	B8H
	位符号	/	/	(PT2)	PS	PT1	PX1	PT0	PX0

置 0——低级，置 1——高级。

- PX0 —— 外部中断 0 优先级设定位。

- PT0 —— 定时/计数器 T0 优先级设定位。

- PX1 —— 外部中断 1 优先级设定位。

- PT1 —— 定时/计数器 T1 优先级设定位。
- PS —— 串行中断优先级设定位。
- PT2 —— 定时/计数器 T2 优先级设定位。

关于中断的优先级有三条原则：

CPU 同时接收到几个中断时，首先响应优先级最高的中断请求；

正在进行的中断过程不能被新的同级或低优先级的中断请求所中断；

正在进行的低优先级中断服务，能被高优先级中断请求中断。

（4）中断入口地址及响应过程。

中断源	入口地址	中断号	说明	中断自然优先级
外部中断 0	0003H	0	P3.2($\overline{INT0}$)引脚上的低电平/下降沿引起的中断	高
定时/计数器 0	000BH	1	T0 计数器溢出后引起的中断	
外部中断 1	0013H	2	P3.3($\overline{INT1}$)引脚上的低电平/下降沿引起的中断	
定时/计数器 1	001BH	3	T1 计数器溢出后引起的中断	
串口中断	0023H	4	串行口接收或发送完一帧数据后引起的中断	
定时/计数器 2	002BH	5	T2 计数器溢出后引起的中断（51 系列单片机没有此中断）	低

2.3.2.3 硬件电路

使用 YL—236 实训考核装置模拟实现本任务，其硬件模块接线如图 2-7 所示。

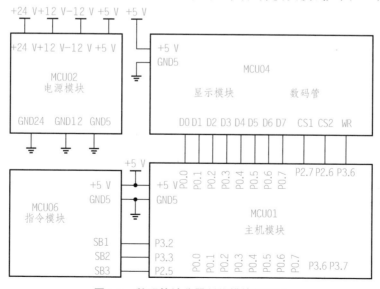

图 2-7 数码管计分器制作模块接线图

该电路由单片机的主机模块、数码管显示模块、指令模块中的独立键盘共同组合而成。电源模块为各部分电路提供电源。

2.3.2.4 任务程序的编写

1. 主函数和中断函数流程图

数码管计分器制作的主函数和中断函数流程图如图2-8所示。

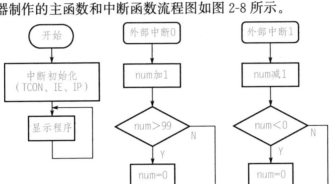

图 2-8　数码管计分器制作流程图

2. 参考程序

根据图2-8数码管计分器制作流程图编写程序，其程序如下：

数码管计分器参考程序	smgjfq. C

```c
#include "reg52.h"
#define ON 1
#define OFF 0
bit set_ mark= 0;         //自动和手动切换标志位, 1: 自动; 0: 手动
bit RUN_ or_ STOP= OFF;        //"启动/停止"标志位, ON: 启动; OFF: 停止
unsigned char xdata DM;        //段码(P2^7)
unsigned char xdata PX;        //片选(P2^6)
unsigned char code M7G[]=
{   //数码管字模
  0xc0, 0xf9, 0xa4, 0xb0, 0x99, 0x92, 0x82, 0xf8, 0x80, 0x90, 0xff, 0xbf    //0~9
};
unsigned char str[8]=
{       //数码管缓存
  10, 10, 10, 10, 10, 10, 10, 10,
};

sbit sb1= P3^2;      //加分按键
sbit sb2= P3^3;      //减分按键
sbit sb3= P2^5;      //复位按键
```

数码管计数器的
制作（程序）

```
void Display()
{
  static unsigned char L= 0;
  PX= 255;                    //消影
  DM= M7G[str[L]];            //段码
  PX= ～(0x80> > L);          //片选
  L+ + ;
  L&= 7;
}
void delay_ us(unsigned char i)      //1个单位为24 μs
{
  while(i- - );
}
unsigned char as;
unsigned char fg;
void main()
{
  while (1)
  {
    Display();
    if (sb1= = 0)    //加1
    {
      as+ + ;
      delay_ us(20000);
    }
    if (sb2= = 0)    //减1
    {
      as- - ;
      delay_ us(20000);
    }
    if (sb3= = 0)    //复位清零
    {
      as= 0;
      delay_ us(20000);
    }
    str[0]= as% 10;
    str[1]= as/10;
  }
}
```

◎ **3. 程序说明**

本程序通过使用 LED 数码管显示参赛者的得分信息，并通过按键手动实现加、减分功能。由于是两位计数显示，因此最大计数值为 99，当超过 99 时，重新从 0 开始计数。

2.3.2.5 任务实施步骤

（1）硬件电路连接：按照图 2-7 所示的硬件电路接线图，选择所需的模块并进行布局，然后将电源模块、主机模块和数码管模块、指令模块中的独立键盘用导线进行连接。单片机使用仿真器的仿真头来代替接入。

（2）打开 MedWin 软件，通过执行菜单"项目管理"→"新建项目"命令，新建立一个工程项目 smgjfq，然后再建一个文件名为 smgjfq.C 的源程序文件，将上面的参考程序输入并保存。

（3）单击"重新产生代码并装入"按钮或使用【Ctrl】+【F9】快捷键，对源程序进行编译和链接，产生目标代码并装入仿真器中。

（4）接通电源，让仿真器运行，观察电源指示灯是否亮起，通过对应按键操作检测检测室内温度是否正常显示在数码管上。

（5）进行扎线，整理。

2.3.2.6 任务评价

任务完成后要填写任务评价表，见表 2-3。

表 2-3 任务二完成情况评价表

任务名称				评价时间		年 月 日	
小组名称			小组成员				
评价内容	评价要求	权重	评价标准	学生自评得分	小组评价得分	教师评价得分	合计
职业与安全意识	（1）工具摆放、操作符合安全操作规程； （2）遵守纪律，爱惜设备和器材，工位整洁； （3）具有团队协作精神	10%	好（10） 较好（8） 一般（6） 差（<6）				
模块的布局和布线工艺	（1）模块布局合理，模块的选择应符合要求； （2）根据需要选择不同颜色的导线进行连接，导线连接应可靠，走线合理，扎线整齐、美观	15%	好（15） 较好（12） 一般（9） 差（<9）				
任务功能测试	（1）编写的程序能成功编译； （2）程序能正确烧写到芯片中； （3）通过按下 SB1 实现加 1 功能，SB2 实现减 1 功能，SB3 实现清零功能	60%	好（60） 较好（45） 一般（30） 差（<30）				
问题与思考	（1）怎样实现两组参赛队的计分功能？ （2）编程中对按键的处理方式有哪些方法	15%	好（15） 较好（12） 一般（9） 差（<6）				
教师签名				学生签名		总分	
任务评价=学生自评（0.2）+小组评价（0.3）+教师评价（0.5）							

2.3.3　任务三　数码管倒计时秒表的制作

2.3.3.1　任务要求

◎ 1. 数码管倒计时秒表制作描述及有关说明

(1)显示：由 8 位数码管组成，实现数码管显示器数字显示。

(2)键盘：独立按键 SB1，实现启停秒表倒计时功能。

◎ 2. 系统控制要求

系统上电，按下 SB1 按键开始进行秒表倒计时。数码管左起第一位至第二位分别显示秒表倒计时时间。

2.3.3.2　任务分析

要完成本任务，需要学习以下知识点。

◎ 1. 定时器

单片机内部含有定时器和计数器，主要用于延时、定时控制、外部计数和检测等。在 51 系列单片机内部有两个 16 位可编程的定时/计数器，简称为 T0 和 T1。它们的核心部件都是 16 位加法计数器，当计数计满回零时，自动产生溢出发出中断请求，表示定时时间已到或计数已满，使用时可通过编程设置为定时或计数模式。定时/计数器的寄存器是一个 16 位的寄存器，由两个 8 位寄存器组成，高 8 位为 TH，低 8 位为 TL，见表 2-4。

表 2-4　定时/计数器的寄存器

定时/计数器名称	寄存器(高 8 位)	寄存器(低 8 位)
T0	TH0	TL0
T1	TH1	TL1

(1)定时/计数器的控制寄存器(TCON)：

TCON (88H)	位地址	8FH	8EH	8DH	8CH	8BH	8AH	89H	88H
	位符号	TF1	TR1	TF0	TR0	IE1	IT1	IE0	IT0

● TR0 和 TR1 —— 定时器运行控制位。

　TR0(TR1)=0　定时器/计数器 T0(1T)停止工作；

　TR0(TR1)=1　定时器/计数器 T0(1T)开始工作。

● TF0 和 TF1 —— T0 和 T1 的溢出标志位。

对定时/计数器 T0、T1 的中断，CPU 响应中断后，硬件自动清除中断请求标志 TF0 和 TF1。如果编程中不使用中断服务程序，也可在主程序中利用查询中断请求标志 TF0

和 TF1 的状态，完成相应的中断功能。

（2）定时/计数器的方式控制寄存器（TMOD）：

TMOD (89H)	位符号	GATE	C/$\overline{T}$	M1	M0	GATE	C/$\overline{T}$	M1	M0
		控制定时器 T1				控制定时器 T0			

● GATE —— 定时器动作开关控制位，也称门控位。

GATE＝1 时，当外部中断引脚$\overline{INT0}$（$\overline{INT1}$）出现高电平且控制寄存器 TCON 中 TR0（TR1）控制位为 1 时，才启动定时器 T0（T1）。

GATE ＝ 0 时，只要控制寄存器 TCON 中 TR0（TR1）控制位为 1，便启动定时器 T0（T1）。

● C/$\overline{T}$ —— 定时/计数器模式选择位。

C/$\overline{T}$＝1 时，设置为计数器模式，定时/计数器的计数脉冲输入来自外部引脚 T0（P3.4）或 T1（P3.5）输入的外部脉冲；

C/$\overline{T}$＝0 时，设置为定时器模式，定时/计数器的计数脉冲输入来自单片机内部系统时钟提供的工作脉冲（系统晶振输出脉冲经 12 分频），计数值乘以机器周期就是定时的时间。

● M1、M0 —— 工作方式选择位（见表 2-5）

表 2-5　工作方式选择位

M1	M0	工作方式	功能说明
0	0	方式 0	13 位定时/计数器，TLx 只用低 5 位
0	1	方式 1	16 位定时/计数器（常用）
1	0	方式 2	自动重装初值的 8 位定时/计数器，THx 的值保持不变，TLx 溢出时，THx 的值自动装入 TLx 中（常用）
1	1	方式 3	仅适用于 T0，T0 分成 2 个独立的 8 位计数器，T1 停止计数

TMOD 不能位寻址，只能是整个字节进行设置，如程序中"TMOD＝0x01;"语句就是对 TMOD 进行整体设置。CPU 复位时 TMOD 所有位清零。

2. 定时器/计数器的工作方式

（1）工作方式 0。该模式是一个 13 位定时/计数方式，最大计数值为 $2^{13}＝8\ 192$。由寄存器 THx 的 8 位和 TLx 的低 5 位构成，TLx 高 3 位未用。工作原理与方式 1 一样，定时工作方式时，定时时间为：

$$T_{定}＝(2^{13}－初值)×机器周期\ T_{m}$$

在 C51 程序设计中，其初始值设置命令为：

$$THx ＝ (2^{13}－T×f_{osc}/12)/32＝(8\ 192－T×f_{osc}/12)/32;$$
$$TLx ＝ (2^{13}－T×f_{osc}/12)\%32＝(8\ 192－T×f_{osc}/12)\%32;$$

（2）工作方式 1。该模式是一个 16 位定时/计数方式，最大计数值为 $2^{16}＝65\ 536$。寄存器 THx 和 TLx 是以全 16 位参与操作，当要定时任意时间时，采用预置数的方法，

THx 赋高 8 位，TLx 赋低 8 位。定时工作方式时，定时时间为：

$$T_定 = (2^{16} - 初值) \times 机器周期\ T_m$$

[例]若单片机晶振频率 $f_{OSC} = 12\ MHz$，使用定时器 T0 工作在方式 1 下，定时 50 ms 中断，试计算寄存器 TH0 和 TL0 装入的初始值。

解：已知 $f_{OSC} = 12\ MHz$，则：

$$振荡周期\ T_c = 1/(12\ MHz) = 1/12\ \mu s$$

$$机器周期\ T_m = 12T_c$$
$$= 12 \times (1/12)$$
$$= 1(\mu s)$$

因为　　　$T_定 = (2^{16} - 初值) \times T_m$

$$50\ 000\ \mu s = (65\ 536 - 初值) \times 1\ \mu s$$

所以　　　初值 $= 65\ 536 - 50\ 000$

$$= 15\ 536$$
$$= 3CB0H$$

在 C51 程序设计时，一般将装入初值以表达式形式赋值，这样在编译程序时会自动将计算结果换算成对应的数值赋值给 THx 和 TLx，其初始值设置命令为：

$$THx = (2^{16} - T \times f_{OSC}/12)/256 = (65\ 536 - T \times f_{OSC}/12)/256;$$
$$TLx = (2^{16} - T \times f_{OSC}/12)\%256 = (65536 - T \times f_{OSC}/12)\%256;$$

(3)工作方式 2。该模式是一个 8 位自动装入定时/计数方式，最大计数值为 $2^8 = 256$。TLx 用作 8 位计数器，THx 用作保存计数初值。在初始化编程时，TLx 和 THx 由指令赋予相同的初值，一旦 TLx 计数溢出，则将 TFx 置"1"，同时将保存在 THx 中的计数初值自动重装入 TLx，继续计数，THx 中的内容保持不变，即 TLx 是一个自动恢复初值的 8 位计数器。定时工作方式时，定时时间为：

$$T_定 = (2^8 - 初值) \times 机器周期\ T_m$$

在 C51 程序设计中，其初始值设置命令为：

$$THx = 256 - T \times f_{OSC}/12;$$
$$TLx = 256 - T \times f_{OSC}/12;$$

(4)工作方式 3。该模式下定时/计数器 T0 被分成两个独立的 8 位定时/计数器 TL0 和 TH0。其中，TL0 既可作定时器，又可作计数器使用，而 TH0 则被固定为一个 8 位定时器(不能作外部计数模式)。T0 被分成两个来用，那就要两套控制及溢出标记：TL0 还是用原来的 T0 的标记，而 TH0 则使用定时器 T1 的状态控制位 TR1 和 TF1。TL0 定时工作方式时，定时时间为：

$$T_定 = (2^8 - 初值) \times 机器周期\ T_m$$

2.3.3.3　硬件电路

使用 YL—236 实训考核装置模拟实现本任务，其硬件模块接线如图 2-9 所示。

该电路由单片机的主机模块、数码管显示模块、指令模块中的独立键盘共同组合而成。电源模块为各部分电路提供电源。

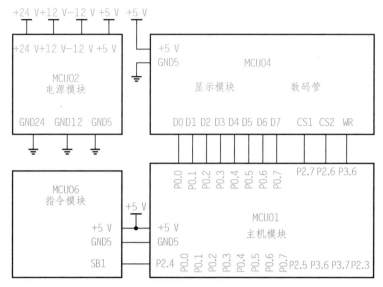

图 2-9　数码管倒计时秒表制作模块接线图

2.3.3.4　任务程序的编写

1. 主函数和中断函数流程图

数码管倒计时秒表制作的主函数和中断函数流程图如图 2-10 所示。

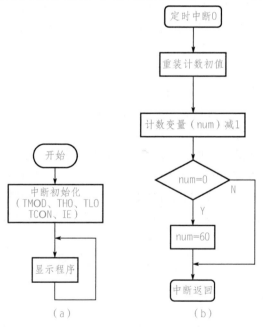

图 2-10　数码管倒计时秒表制作流程图
(a)主函数；(b)中断函数

2. 参考程序

根据图 2-10 数码管倒计时秒表制作流程图编写程序，其程序如下：

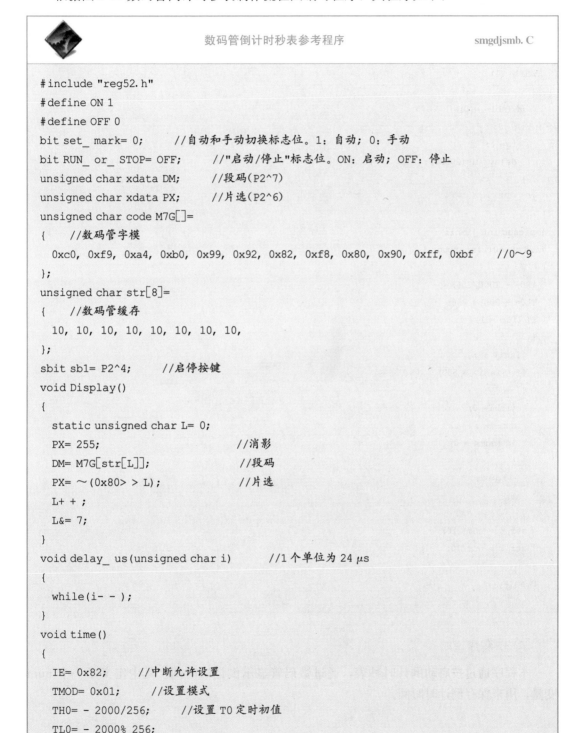

数码管倒计时秒表参考程序	smgdjsmb. C

```c
#include "reg52.h"
#define ON 1
#define OFF 0
bit set_ mark= 0;          //自动和手动切换标志位。1：自动；0：手动
bit RUN_ or_ STOP= OFF;         //"启动/停止"标志位。ON：启动；OFF：停止
unsigned char xdata DM;         //段码(P2^7)
unsigned char xdata PX;         //片选(P2^6)
unsigned char code M7G[]=
{    //数码管字模
  0xc0, 0xf9, 0xa4, 0xb0, 0x99, 0x92, 0x82, 0xf8, 0x80, 0x90, 0xff, 0xbf    //0~9
};
unsigned char str[8]=
{    //数码管缓存
  10, 10, 10, 10, 10, 10, 10, 10,
};
sbit sb1= P2^4;    //启停按键
void Display()
{
  static unsigned char L= 0;
  PX= 255;                   //消影
  DM= M7G[str[L]];              //段码
  PX= ~(0x80> > L);            //片选
  L+ + ;
  L&= 7;
}
void delay_ us(unsigned char i)       //1个单位为24 μs
{
  while(i- - );
}
void time()
{
  IE= 0x82;       //中断允许设置
  TMOD= 0x01;       //设置模式
  TH0= - 2000/256;      //设置 T0 定时初值
  TL0= - 2000% 256;
  TR0= 1;       //启动 T0
```

```
}
unsigned char num= 60;
unsigned char fg;
void main()
{
  time();
  while (1)
  {
    if (sb1= = 0)
    {
      fg= 1;
      delay_ us(20000);
    }
  }
}
unsigned int jishi;
void time0() interrupt 1
{
  TH0= - 2000/256;
  TL0= - 2000% 256;
  if (fg= = 1)
  {
    jishi+ + ;
    if (jishi> = 500)
    {
      jishi= 0;
      num- - ;
      if (num< = 0)
      {
        fg= 2;
      }
    }
    str[6]= num% 10;
    str[7]= num/10;
  }
  Display();
}
```

3. 程序说明

本程序通过按启动倒计时秒表，通过数码管显示倒计时时间。其中定义了一个 num 变量，用来保存倒计时时间。

2.3.3.5 任务实施步骤

(1)硬件电路连接:按照图 2-9 所示的硬件电路接线图,选择所需的模块并进行布局,然后将电源模块、主机模块和数码管模块、指令模块中的独立键盘用导线进行连接。单片机使用仿真器的仿真头来代替接入。

(2)打开 MedWin 软件,通过执行菜单"项目管理"→"新建项目"命令,新建立一个工程项目 smgdjsmb,然后再建一个文件名为 smgdjsmb.C 的源程序文件,将上面的参考程序输入并保存。

(3)单击"重新产生代码并装入"按钮或使用【Ctrl】+【F9】快捷键,对源程序进行编译和链接,产生目标代码并装入仿真器中。

(4)接通电源,让仿真器运行,观察电源指示灯是否亮起,通过对应按键操作检测检测室内温度是否正常显示在数码管上。

(5)进行扎线,整理。

2.3.3.6 任务评价

任务完成后要填写任务评价表,见表 2-6。

表 2-6 任务三完成情况评价表

任务名称				评价时间		年 月 日	
小组名称			小组成员				
评价内容	评价要求	权重	评价标准	学生自评得分	小组评价得分	教师评价得分	合计
职业与安全意识	(1)工具摆放、操作符合安全操作规程; (2)遵守纪律,爱惜设备和器材,工位整洁; (3)具有团队协作精神	10%	好(10) 较好(8) 一般(6) 差(<6)				
模块的布局和布线工艺	(1)模块布局合理,模块的选择应符合要求; (2)根据需要选择不同颜色的导线进行连接,导线连接应可靠,走线合理,扎线整齐、美观	15%	好(15) 较好(12) 一般(9) 差(<9)				
任务功能测试	(1)编写的程序能成功编译; (2)程序能正确烧写到芯片中; (3)通过按下启停按键能够使数码管正确显示倒计时时间	60%	好(60) 较好(45) 一般(30) 差(<30)				
问题与思考	(1)怎样增加秒表初始值设定功能? (2)系统如何提高倒计时秒表的准确性	15%	好(15) 较好(12) 一般(9) 差(<6)				
教师签名				学生签名		总分	
任务评价=学生自评(0.2)+小组评价(0.3)+教师评价(0.5)							

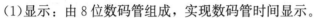

2.3.4 任务四 数码管电子钟的制作

2.3.4.1 任务要求

1. 数码管电子钟制作描述及有关说明

（1）显示：由 8 位数码管组成，实现数码管时间显示。

（2）键盘：独立按键 SB1、SB2 实现时间校正功能。

（3）蜂鸣器：实现时钟整点提醒功能。

数码管电子钟的
制作（项目实施）

2. 系统控制要求

系统上电，数码管动态显示时间，按下 SB1 和 SB2 按键可以进行时钟显示时间的校正，通过蜂鸣器可以实现时钟整点提醒功能。

2.3.4.2 任务分析

要完成本任务，需要学习以下知识点。

1. 蜂鸣器简介

在单片机系统中经常使用蜂鸣器或扬声器作为声音提示、报警及音乐输出等。蜂鸣器接口电路如图 2-11 所示。蜂鸣器是一种一体化结构的电子讯响器，采用直流驱动，使用中只需加直流电压（由单片机输出高电平）即可发出单一频率的音频。

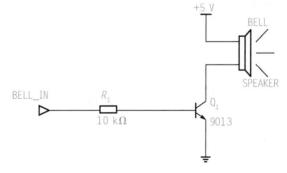

图 2-11 蜂鸣器接口电路

驱动扬声器则需要 20 Hz～20 kHz 的音频信号才能使其发出人耳听到的声音。单片机的端口只能输出数字量，单片机可以输出由高电平和低电平组成的方波，方波经放大滤波后，驱动扬声器发声。声音的单调高低由端口输出的方波的频率决定。

2. 模块化编程方法

你在一个项目小组做一个相对较复杂的工程时，意味着你不再独自单干。你需要和你的小组成员分工合作，一起完成项目，这就要求小组成员各自负责一部分工程。比如你可能只是负责通信或者显示这一块。这个时候你就应该将自己的这一块程序写成一个模块单独调试，留出接口供其他模块调用。最后，小组成员都将自己负责的模块写完并调试无误后，由项目组长进行组合调试。像这些场合就要求程序必须模块化，模块化的好处是很多的，不仅仅是便于分工，它还有助于程序的调试，有利于程序结构的划分，还能增加程序的可读性和可移植性。

初学者往往搞不懂如何模块化编程，其实它是简单易学，而且又是组织良好程序结构行之有效的方法之一。我们现在通过以 LED 灯的控制为例学习模块化的编程方法。

先建立三个 .c 的文件，分别命名为 main.c、delay.c 和 led_on.c，并将在建立文件的时候尽量做到看到文件名即能看出程序的功能，这样比较直观，不容易混乱，然后将这三个文件都添加进工程。

在 delay.c 中我们加入如下代码：

```
void delay1s()
{
    unsigned int m, n;
    for(m= 20; m> 0; m- - )
    for(n= 110; n> 0; n- - );
}
```

在 led_on.c 这个文件中我们加入如下代码：

```
#include< reg51.h>
void led_on()
{
    P0= 0x00;
    delay1s();
    P0= 0xff;
    delay1s();
}
```

然后在 main.c 函数中我们添加如下代码：

```
#include< reg51.h>
#include"led_on.h"
void main()
{
    while(1)
    {
      led_on();
    }
}
```

这个程序的功能很简单，就是实现 LED 的闪烁。

如何将这三个 C 文件关联起来。其实在单个 .c 文件的程序中，我们在写程序的时候第一件事就是写上#include，这句话的作用的把头文件包含进来。一个包含命令可以把一个文件包含进来，那么用不同的头文件包含不就可以把更多的文件包含进来了吗？

先讲到这里，下次看一下具体如何将 3 个文件关联起来。

我们现在讨论一下如何将三个 C 文件关联起来，在单文档的程序中我们使用 ♯include 这个命令将单片机的头文件与我们的程序关联起来。同理我们也将以头文件的形式把我们建立的源程序关联起来。

首先，我们需要一个新文档，直接在工程中新建一个文档，然后保存的时候将名字保存为 delay1s.h 即可。其次我们需要编写 delay1s.h 这个文件的内容，其内容如下：

```
#ifndef _ DELAY1S_ H_
#define _ DELAY1S_ H_
extern void delay1s();      //延时函数
#endif
```

这个是头文件的定义，作用是声明了 delay1s() 函数，因为如果在别的函数中我们需要用到 delay1s() 函数，若不事先声明则在编译的时候会出错。对于 "♯ifndef……♯define ……♯endif；" 这个结构的意思就是说如果没有定义（宏定义）一个字符串，那么我们就定义它，然后执行后面的语句，如果定义过了那么就跳过不执行任何语句。_ DELAY1S _ H _ 这个是头文件的名字，必须大写，中间的横线不能少。一般来说，头文件的名字应该与源文件的名字保持一致，这样我们便可以清晰地知道哪个头文件是哪个源文件的描述。extern 修饰符表明其是一个外部函数，可以被外部其他模块进行调用，C 语言中默认都是这个类型的，所以可以不用写。

关于为什么要使用这么一个定义方法，比如在 led _ on() 函数中我们调用了 delay1s() 函数，然后在 main() 函数中我们也调用了 delay() 函数，那么，在 led _ on() 函数中就包含头文件 delay.h，然后在 main() 函数中也要包含 delay1s.h，若主函数中我们调用过 led _ on()，那么在编译的时候，遇到 delay1s() 和 led _ on() 的时候就会对 delay1s.h 进行两次解释，就会出现错误。若有以上预处理命令，那么在第二次的时候这个 _ DELAY1S _ H _ 已经被定义过了，就不会出现重复定义的问题了。这就是它的作用。但是注意，在编译器进行编译的时候头文件不参与编译。

再次，我们建立一个 led _ on.h，其代码内容如下：

```
#ifndef _ LED_ ON_ H_
#define _ LED_ ON_ H_
extern void led_ on();      //灯闪烁
#endif
```

最后把编写好了的程序模块加入到工程。接下来使用这种思路完成本任务。

2.3.4.3　硬件电路

使用 YL—236 实训考核装置模拟实现本任务，其硬件模块接线如图 2-12 所示。

该电路由单片机的主机模块、数码管显示模块、指令模块中的独立键盘共同组合而成。电源模块为各部分电路提供电源。

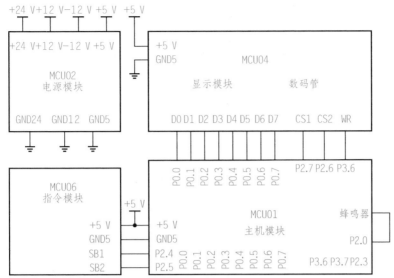

图 2-12 数码管电子钟模块接线图

2.3.4.4 任务程序的编写

数码管电子钟的
制作（程序）

1. 程序流程图

数码管电子钟主程序和按键程序流程图如图 2-13 所示。

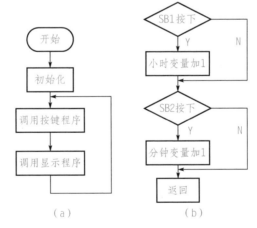

（a） （b）

图 2-13 数码管电子钟主程序和按键程序流程图

（a）主程序；（b）按键程序

2. 参考程序

根据图 2-13 数码管电子钟主程序和按键程序流程图编写程序，其程序如下：

| 数码管电子钟主程序 | smgdzz. C |

```
#include "reg52.h"
#define ON 1
```

```
#define OFF 0
bit set_mark= 0;        //自动和手动切换标志位。1: 自动; 0: 手动
bit RUN_or_STOP= OFF;        //"启动/停止"标志位。ON: 启动; OFF: 停止
unsigned char xdata DM;        //段码(P2^7)
unsigned char xdata PX;        //片选(P2^6)
unsigned char code M7G[]=
{    //数码管字模
 0xc0, 0xf9, 0xa4, 0xb0, 0x99, 0x92, 0x82, 0xf8, 0x80, 0x90, 0xff, 0xbf
};
unsigned char str[8]=
{     //数码管缓存
 10, 10, 10, 10, 10, 10, 10, 10,
};
sbit fmq= P2^0;        //蜂鸣器
unsigned char shi, fen, miao;
unsigned char fg;

sbit sb1= P2^4;    //时校正
sbit sb2= P2^5;    //分校正
void delay_us(unsigned char i)    //1个单位为24 μs
{
 while(i--);
}
unsigned char shi, fen, miao;

void time()
{
 IE= 0x82;        //中断允许设置
 TMOD= 0x01;        //设置模式
 TH0= -2000/256;        //设置定时初值
 TL0= -2000% 256;
 TR0= 1;            //启动T0
}

void key()
{
 fmq= 0;
 time();
 while (1)
 {
   if (sb1== 0)
   {
     shi++;
     delay_us(20000);
```

```
    }
  if (sb2= = 0)
  {
    fen++ ;
    delay_ us(20000);
  }
  }
}


void Display()
{
  static unsigned char L= 0;
  PX= 255;               //消影
  DM= M7G[str[L]];       //段码
  PX= ~(0x80> > L);      //片选
  L++ ;
  L&= 7;
}


void main()
{
  fmq= 0;
  time();
  while (1)
  {
    key();
  }
}
unsigned int jishi;
void time0()interrupt 1
{
  TH0= - 2000/256;
  TL0= - 2000% 256;
  jishi++ ;
  if (jishi> = 500)
  {
    jishi= 0;
    miao++ ;
    if (miao> 59)
    {
      miao= 0;
      fen++ ;
      if (fen> 59)
```

```
   {
     fen= 0;
     fmq= 1;
     delay_ us(50000);
     fmq= 0;
     delay_ us(50000);
     shi++ ;
     if (shi> 23)
     {
       shi= 0;
     }
   }
 }
 str[0]= shi% 10;
 str[1]= shi/10;
 str[2]= 11;
 str[3]= fen% 10;
 str[4]= fen/10;
 str[5]= 11;
 str[6]= miao% 10;
 str[7]= miao/10;
 Display();
}
```

3. 程序说明

本程序通过按键 SB1 和 SB2 对数码管电子钟进行校时，使用蜂鸣器进行整点报警。其中主程序为 smgdzz.C，其通过模块化的方法进行程序设计。

2.3.4.5　任务实施步骤

(1)硬件电路连接：按照图 2-12 所示的硬件电路接线图，选择所需的模块并进行布局，然后将电源模块、主机模块和数码管模块、指令模块中的独立键盘用导线进行连接。单片机使用仿真器的仿真头来代替接入。

(2)打开 MedWin 软件，通过执行菜单"项目管理"→"新建项目"命令，新建立一个工程项目 smgdzz，然后再建一个文件名为 smgdzz.C 的源程序文件，将上面的参考程序输入并保存。

(3)单击"重新产生代码并装入"按钮或使用【Ctrl】+【F9】快捷键，对源程序进行编译和链接，产生目标代码并装入仿真器中。

(4)接通电源，让仿真器运行，观察电源指示灯是否亮起，通过对应按键操作检测检测室内温度是否正常显示在数码管上。

(5)进行扎线，整理。

2.3.4.6　任务评价

任务完成后要填写任务评价表，见表 2-7。

表 2-7　任务四完成情况评价表

任务名称			评价时间		年　　月　　日		
小组名称			小组成员				
评价内容	评价要求	权重	评价标准	学生自评得分	小组评价得分	教师评价得分	合计
职业与安全意识	(1)工具摆放、操作符合安全操作规程； (2)遵守纪律，爱惜设备和器材，工位整洁； (3)具有团队协作精神	10%	好(10) 较好(8) 一般(6) 差(<6)				
模块的布局和布线工艺	(1)模块布局合理，模块的选择应符合要求； (2)根据需要选择不同颜色的导线进行连接，导线连接应可靠，走线合理，扎线整齐、美观	15%	好(15) 较好(12) 一般(9) 差(<9)				
任务功能测试	(1)编写的程序能成功编译； (2)程序能正确烧写到芯片中； (3)通过按键能够对数码管正确进行时间校正； (4)数码管显示清楚稳定	60%	好(60) 较好(45) 一般(30) 差(<30)				
问题与思考	(1)怎样增加秒时间校正？ (2)如何使秒和分之间的小数点按秒进行闪烁？ (3)通过与计算机上的时钟或手表进行时间误差比较，看是否有偏差？思考偏差为何会产生	15%	好(15) 较好(12) 一般(9) 差(<6)				
教师签名			学生签名			总分	
任务评价＝学生自评(0.2)＋小组评价(0.3)＋教师评价(0.5)							

2.3.5　任务五 串口校时电子钟的制作

2.3.5.1　任务要求

在上一个任务中，我们实现了一个可以调节时间的时钟。但是用按键进行调时有些麻烦，我们是否可以将它与 PC 机相连，做一个串口调时时钟呢？下面我们就一起来制作，要求如下：

（1）用 8 位数码管显示当前时间，格式为"××－××－××"，与任务三相同。

（2）设计按键，按下则把当前时间以 ASCII 码的格式发送至 PC 机。比如当前时间为 12 点 05 分 00 秒则上传格式为："12：05：00"+"/n"，送格式为 ASCII 码格式。（/n 为回车的 ASCII 码）。

（3）可以通过 PC 机的串口对时钟进行校时。PC 机串口发送数据格式为"时分秒"，由单片机接收并校时。如当前时间为 12 点 05 分 00 秒，应发送"120500"，发送格式为 ASCII 码，收到数据后，单片机相应显示"12－05－00"。

2.3.5.2　任务分析

与上一个任务相比，本任务减少了按键调时和闹铃功能，增加了串口发送与接收的功能。这部分硬件接口电路实现单片机串行通信口与计算机的 RS232 串行口匹配，软件则控制完成数据的收发。下面我们就一起来学习单片机串行口和 PC 机进行通信的相关知识。

1. 单片机与 PC 机串行接口电路

单片机的串行口接口电路如图 2-14 所示。MAX232 用来将单片机的串口电平转化为可以和 PC 机串口匹配的电压。PC 机串口的 RXD 口与单片机的 TXD 口相连，TXD 口与单片机的 RXD 口相连，二者就能相互通信了。

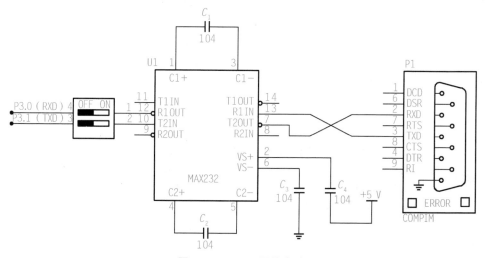

图 2-14　RS232 通信电路

串行通信中，数据是一位一位地按照次序进行发送或接收的，要求通信双方必须使用相同的通信速度，这就引入了波特率的概念。波特率即数据传送的速率，是指每秒钟传送的二进制数的位数。例如，数据传送的速率是 120 字符/s，则传送波特率为 1 200 波特。

常用的波特率有以下几种：

1 200，2 400，4 800，9 600，19 200。

2. PC 机端串口通信设置

在 PC 机上，需要使用串口调试助手这个小软件，如图 2-15 所示。

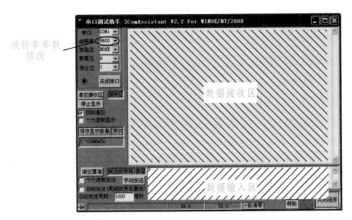

图 2-15 串口调试助手软件界面

在串口调试助手中将串口的波特率修改为与单片机的波特率一致，即在图中圈出的位置修改波特率。比如我们的单片机波特率为 9600，则需要在这个窗口中输入"9600"。

PC 机串口要向单片机发送数据，只需要在数据输入区中输入字节数据，然后单击左边的"手动发送"按钮，就会通过串口发送一个字节的数据。

而由串口接收到的数据，会自动在数据接收区显示出来。

需要注意的是，在数据输入区和数据接收区中，默认发送和接收的都是 ASCII 码数据，我们可以输入 0～9 的数字、字母 A～Z，也可以输入一些符号，这些都是 ASCII 码。

ASCII 码是一种用指定的二进制数组合来表示数字、字符的编码方法。ASCII 码中的数字 0 所对应的十六进制数字为 0x30，数字 9 对应为 0x39，所以我们可以通过在 ASCII 码的基础上减去 0x30 得到它所对应的十六进制数。

3. 单片机端串口通信设置

为了方便进行串行口通信，单片机中有一个特殊的中断——串行口中断。

串行口中断中，一般使用定时器 1 的方式 2 产生波特率。

方式 2 是自动加载初值的 8 位定时器。TH1 是它自动加载的初值。所以设定 TH1 的值就能改变波特率。表 2-8 列出了在 11.059 2 MHz 晶振下，定时器 T1 工作于方式 2 时常用波特率所对应的 TH1 初值。

表 2-8 晶振 11.059 2 MHz 时 T1 工作于方式 2 时的常用波特率及初值

常用波特率	PCON	TH1 初值
19 200	0x80	0xFD
9 600	0x00	0xFD
4 800	0x00	0xFA
	0x80	0xF4
2 400	0x00	0xF4

那么如何开启这个串行口中断呢？

开启这个中断的关键位是 ES。通过编程把 ES 置 1，就开启了串行口中断。接下来需要设置几个相关寄存器：

（1）串行口控制寄存器 SCON：

一般让单片机串行口工作在方式 1 下，并且要允许单片机接收串口数据，需要把串行口控制寄存器 SCON 置为 0x50。

（2）特殊功能寄存器 PCON：

有时需要把波特率加倍，就需要设置 PCON 的最高位为 1，也就是把 PCON 置为 0x80。

比如 4 800 波特率，我们可以 2 400 波特率的 TH1 初值 0xF4 下，通过把 PCON 置为 0x80，得到 4 800 波特率。

以下是串行口中断初始程序（9 600 波特率）：

```
void InitInterrupt()
{
    ES= 1;                    //串行口中断开关
    TMOD| = 0x2F;             //定时器1作为波特率发生器选择方式2
    TH1= 0xfa;
    TL1= 0xfa;                //4 800 波特率
    SCON= 0x50;               //选择串行方式1并且REN=1表示接收允许
    PCON= 0x80;               //SMOD=1时波特率加倍，为 4 800×2=9 600 波特率
    TR1= 1;                   //定时器1计数开关，1有效
    EA= 1;                    //中断总开关，1有效
}
```

通信双方如何交换数据呢？很简单，只需要从单片机的串口缓存，单片机发送和接收数据都通过它来传递。

当单片机串行口接收到一个字节的数据信号，就会自动把内部的 RI（串口接收完成标志位）置 1。从而产生串行口中断，程序跳转到串行口中断服务子程序中去。在串口中断中，读出 SBUF 的值，接收字节就完成了。

要让单片机串行口向 PC 机发送一个字节的数据信号，只需要把这个字节数据放入 SBUF 中，单片机就会自动通过串行口向 PC 机发送数据。传送完毕之后，单片机会把 TI（串口发送完成标志位）置 1。

单片机接收数据和发送数据的流程图如图 2-16 和图 2-17 所示。

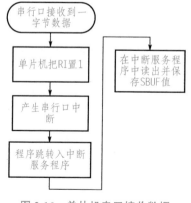

图 2-16 单片机串口接收数据

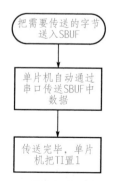

图 2-17 单片机串口发送数据

注意:

RI(串口接收完成标志位)和 TI(串口发送完成标志位)都不会自动恢复为 0,所以需要每次接收或发送完成之后,把它们清零。

串行口中断程序在 C 语言中的编号为 interrupt 4,只要加在子程序的后面,就表示这个程序是串口中断子程序了。

我们一起来试着编写一下串行口接收和发送程序。串行口接收程序可以这么写:

```
void serial()interrupt 4          //串行口中断程序
{
    if (RI)                        //数据接收完成,RI 为接收完成标志位
    {
      str[0]= SBUF-0x30;           //从缓存 SBUF 中取出 ASCII 码数据,转换为十进制数据
                                   //后,放入显示缓存 str[0]中去,让其显示
        RI= 0;                     //接收完成后必须清零
    }
}
```

串行口发送程序可以这样写:

```
void SHOW_ SBUF(unsigned char temp)
{
    SBUF= temp+0x30;              //把需要发送的字节 temp 转换成 ASCII 码放入 SBUF 中
    while(TI= = 0);               //等待单片机发送完成(TI=1)
    TI=0;                         //把 TI 手工置 0
}
```

4. 单片机串行口接收程序设计

有了时钟电路程序,还需要通过串口接收调时数据。串口调时程序,只需要让单片机接收串行口过来的 6 个数据缓存。然后按照先后顺序,把接收过来的数据分别转换成时、分、秒数据。其流程如图 2-18 所示。

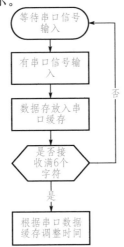

图 2-18 串口接收程序流程图

按照流程图，可以编写如下串行口调时程序：

```
unsigned char ss;                    //设定接收位变量
void SERIAL_ ROUTING() interrupt 4   //串口中断
{
    if(RI== 1)                       //判断是否有数据进入
    {
      CK[ss]= SBUF- 0x30;            //将缓存中的数据转化成十进制的数据存入 CK
                                       这个
                                     //数组中

      ss++ ;                         //将 ss 进一
      RI= 0;                         //标志位清零
    }
    if(ss== 6)                       //判断是否接收完，接收完后赋值
    {
      S= CK[0] * 10+ CK[1];          //给小时赋值
      F= CK[2] * 10+ CK[3];          //给分赋值
      M= CK[4] * 10+ CK[5];          //给秒赋值
      ss= 0;
    }
}
```

5. 单片机串行口发送程序设计

需要把时间数据由单片机发送给 PC 机，就需要设计串口上传程序。串口上传中需要把所有的时间数据上传，并且时、分、秒之间要用":"隔开。其程序流程图如图 2-19 所示。

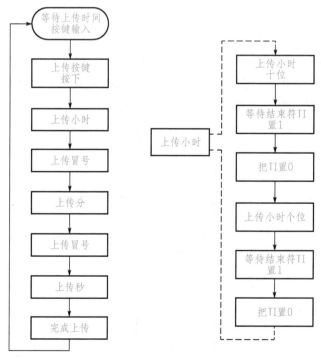

图 2-19　串口上传时间流程图

串行口上传时间程序如下：

```
void KEY()                          //串行口上传时间程序做到按键程序中
{
  if(SB1= = 0)                      //判断按键是否按下
  {
    delay(8000);                    //防抖动
    if(SB1= = 0)                    //再次判断按键
    {
      SHOW_ SBUF(S/10%10+ 0x30);    //发送小时的十位给上位机
      SHOW_ SBUF(S%10+ 0x30);       //发送小时的个位给上位机
      SHOW_ SBUF(58);               //发送":"给上位机
      SHOW_ SBUF(F/10%10+ 0x30);    //发送分的十位给上位机
      SHOW_ SBUF(F%10+ 0x30);       //发送分的个位给上位机
      SHOW_ SBUF(58);               //发送":"给上位机
      SHOW_ SBUF(M/10%10+ 0x30);    //发送秒的十位给上位机
      SHOW_ SBUF(M%10+ 0x30);       //发送秒的个位给上位机
      SHOW_ SBUF(13);               //发送回车给上位机
    }
  }
}
```

2.3.5.3 硬件电路

用于实现该任务的硬件电路模块接线如图 2-20 所示。

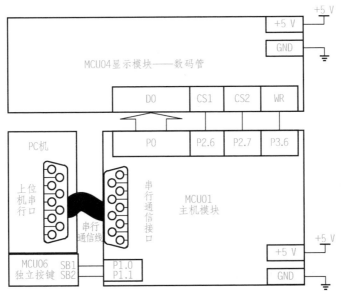

图 2-20 串口调时时钟设计接线图

2.3.5.4 任务程序的编写

1. 程序流程图

串口调时时钟主程序流程图如图 2-21 所示。

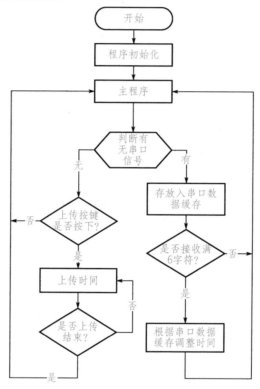

图 2-21 串口调时时钟主程序流程图

2. 参考程序

根据图 2-21 串口调时时钟主程序流程图编写程序，其程序如下：

串口调时电子钟参考程序	ckjsdzz. C

```
#include "reg52.h"
#define ON 1
#define OFF 0
sbit sb1 =  P1^0;
sbit sb2 =  P1^1;
bit set_ mark= 0;      //自动和手动切换标志位。1：自动；0：手动
bit RUN_ or_ STOP= OFF;     //"启动/停止"标志位。ON：启动；OFF：停止
unsigned char xdata DM;      //段码(P2^7)
unsigned char xdata PX;      //片选(P2^6)
```

```c
unsigned char code M7G[]=
{    //数码管字模
  0xc0, 0xf9, 0xa4, 0xb0, 0x99, 0x92, 0x82, 0xf8, 0x80, 0x90, 0xff, 0xbf
};
unsigned char str[8]=
{    //数码管缓存
  10, 10, 10, 10, 10, 10, 10, 10,
};

void Display()
{
  static unsigned char L= 0;
  PX= 255;              //消影
  DM= M7G[str[L]];      //段码
  PX= ~(0x80> > L);         //片选
  L++ ;
  L&= 7;
}
void delay_ us(unsigned char i)    //1个单位为24 μs
{
  while(i- - );
}
void time()
{
  IE= 0x92;    //中断允许设置
  TMOD= 0x21;    //设置模式
  TH0= - 2000/256;    //设置定时器 T0 初值
  TL0= - 2000% 256;
  SCON= 0x50;         //串口设置
  TH1= TL1= 0xF4;    //设置定时器 T1 初值
  TR1= 1; TR0= 1;       //启动 T0、T1
}
unsigned char rec[10];
unsigned char shi, fen, miao;
unsigned char fg;
void main()
{
  time();
  while (1)
  {
    if (sb1= = 0)
    {
      shi++ ;
      delay_ us(20000);
```

```
    }
    if (sb2= = 0)
    {
      fen++ ;
      delay_ us(20000);
    }
    if (fg= = 1)
    {
        shi= (rec[0]- 0x30)* 10+ (rec[1]- 0x30);
        fen= (rec[3]- 0x30)* 10+ (rec[4]- 0x30);
        miao= (rec[6]- 0x30)* 10+ (rec[7]- 0x30);
        fg= 2;
    }

  }
}

unsigned int jishi;
void time0()interrupt 1
{
    TH0= - 2000/256;
    TL0= - 2000% 256;
    jishi++ ;
    if (jishi> = 500)
    {
    jishi= 0;
    miao++ ;
    if (miao> 59)
    {
      miao= 0;
      fen++ ;
      if (fen> 59)
      {
        fen= 0;
        shi++ ;
        if (shi> 23)
        {
          shi= 0;
        }
      }
    }
    }
    str[0]= shi% 10;
    str[1]= shi/10;
```

```
    str[2]= 11;
    str[3]= fen% 10;
    str[4]= fen/10;
    str[5]= 11;
    str[6]= miao% 10;
    str[7]= miao/10;
    Display();
}
void time4()interrupt 4
{
  unsigned char i, j;
  if (RI)
  {
    RI= 0;
    j= SBUF;
    if (j! = 'a')
    {
      rec[i]= j;
      i++ ;
    }
    else
    {
      i= 0; fg= 1;
    }
  }
}
```

3. 程序说明

本程序通过串口来进行时钟的校时，通过数码管进行时间显示，其中校时使用串口中断函数，电子钟工作使用了定时中断函数。

2.3.5.5 任务实施步骤

(1)硬件电路连接。按照图 2-20 所示的硬件电路接线图，选择所需的模块并进行布局，然后将电源模块、主机模块和数码管模块、串口用导线进行连接。单片机使用仿真器的仿真头来代替接入。

(2)打开 MedWin 软件，通过菜单"项目管理/新建项目"，新建立一个工程项目 ckjsdzz，然后再建一个文件名为 ckjsdzz. C 的源程序文件，将上面的参考程序输入并保存。

(3)单击"重新产生代码并装入"按钮或使用【Ctrl】+【F9】快捷键，对源程序进行编译和链接，产生目标代码并装入仿真器中。

(4)接通电源，让仿真器运行，观察电源指示灯是否亮起，通过对应按键操作检测检测室内温度是否正常显示在数码管上。

（5）进行扎线，整理。

2.3.5.6 任务评价

任务完成后要填写任务评价表，见表2-9。

表2-9 任务五完成情况评价表

任务名称			评价时间		年 月 日	
小组名称			小组成员			
评价内容	评价要求	权重	评价标准	学生自评得分	小组评价得分	教师评价得分	合计
职业与安全意识	（1）工具摆放、操作符合安全操作规程；（2）遵守纪律，爱惜设备和器材，工位整洁；（3）具有团队协作精神	10%	好(10) 较好(8) 一般(6) 差(<6)				
模块的布局和布线工艺	（1）模块布局合理，模块的选择应符合要求；（2）根据需要选择不同颜色的导线进行连接，导线连接应可靠，走线合理，扎线整齐、美观	15%	好(15) 较好(12) 一般(9) 差(<9)				
任务功能测试	（1）编写的程序能成功编译；（2）程序能正确烧写到芯片中；（3）数码管能自动显示时间；（4）利用串口发送校正时间数码管能正确显示	60%	好(60) 较好(45) 一般(30) 差(<30)				
问题与思考	（1）怎样提高电子钟显示精度？（2）怎样用串口读取电子钟的实时数据	15%	好(15) 较好(12) 一般(9) 差(<6)				
教师签名			学生签名		总分		
任务评价＝学生自评(0.2)＋小组评价(0.3)＋教师评价(0.5)							

2.4 知识拓展

2.4.1 数码管的识别与检测

LED数码管也称半导体数码管，它是将若干发光二极管按一定图形排列并封装在一起的最常用的数码显示器件之一。LED数码管具有发光显示清晰、响应速度快、耗电省、体积小、寿命长、耐冲击、易与各种驱动电路连接等优点，在各种数显仪器仪表、数字控制设备中得到广泛应用。图 2-22 所示为数码管实物图。

图 2-22　数码管实物图

1. 结构及特点

目前，常用的小型 LED 数码管多为"8"字形数码管，它内部由 8 个发光二极管组成，其中 7 个发光二极管（a～g）作为 7 段笔画组成"8"字结构（故也称 7 段 LED 数码管），剩下的 1 个发光二极管（h 或 dp）组成小数点，如图 2-23（a）所示。各发光二极管按照共阴极或共阳极的方法连接，即把所有发光二极管的负极（阴极）或正极（阳极）连接在一起，作为公共引脚；而每个发光二极管对应的正极或者负极分别作为独立引脚（称"笔段电极"），其引脚名称分别与图 2-23(a)中的发光二极管相对应，即 a、b、c、d、e、f、g 脚及 h 脚（小数点），如图 2-23(b)所示。若按规定使某些笔段上的发光二极管发光，就能够显示出"0～9"10 个数字和"A～F"6 个字母，还能够显示小数点，可用于二进制、十进制以及十六进制数字的显示，使用非常广泛。

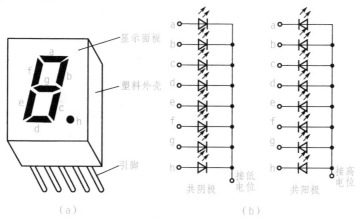

（a）　　　　　　　　　　　　　　　（b）

图 2-23　数码管结构图和电路图

(a)结构图；(b)电路图

2. 外形和种类

常用小型 LED 数码管的封装形式几乎全部采用了双列直插结构，并按照需要将 1 至 9 多个"8"字形字符封装在一起，以组成显示位数不同的数码管。如果按照显示位数（即全部数字字符个数）划分，有 1 位、2 位、3 位、4 位、5 位、6 位、……数码管，如图 2-24 所示。如果按照内部发光二极管连接方式不同划分，有共阴极数码管和共阳极数码管两种；

按字符颜色不同划分，有红色、绿色、黄色、橙色、蓝色、白色等数码管；按显示亮度不同划分，有普通亮度数码管和高亮度数码管；按显示字形不同，可分为数字管和符号管。

图 2-24　实物外形图

3. 型号与引脚的识别

由于 LED 数码管的型号命名各厂家不统一，可谓各行其是，无规律可循。要想知道某一型号产品的结构特点和有关参数等，一般只能查看厂家说明书或相关的参数手册。对于型号不清楚的 LED 数码管，就只能通过万用表等的测量，弄清内部电路结构和相关参数。

小型 LED 数码管的引脚排序规则如图 2-25 所示，即正对着产品的显示面，将引脚面朝向杂志，从左上角（左、右双排列引脚）或左下角（上、下双排列引脚）开始，按逆时针（即图中箭头）方向计数，依次为 1 脚、2 脚、3 脚、4 脚……如果翻转过来从背面看（比如在印制电路板的焊接面上看），即引脚面正对着自己、显示面朝向杂志，则应按顺时针方向计数。可见，这跟普通集成电路是一致的。

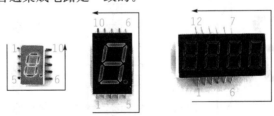

图 2-25　数码管引脚排列规则

常用 LED 数码管的引脚排列均为双列 10 脚、12 脚、14 脚、16 脚、18 脚等，识别引脚排列时大致上有这样的规律：对于单个数码管来说，最常见的引脚为上、下双排列，通常它的第 3 脚和第 8 脚是连通的，为公共脚；如果引脚为左、右双排列，则它的第 1 脚和第 6 脚是连通的，为公共脚。但也有例外，必须具体型号具体对待。另外，多数 LED 数码管的"小数点"在内部是与公共脚接通的，但有些产品的"小数点"引脚却是独立引出来的。对于 2 位及以上的数码管，一般多是将内部各"8"字形字符的 a～h 这 8 根数据线对应连接在一起，而各字符的公共脚单独引出（称"动态数码管"），既减少了引脚数量，又为使用提供了方便。例如，4 位动态数码管有 4 个公共端，加上 a～h 引脚，一共才只有 12 个引脚。如果制成各"8"字形字符独立的"静态数码管"，则引脚可达到 40 脚。

2.4.2　数码管使用常识

LED 数码管一般要通过专门的译码驱动电路，才能正常显示字符。由于 LED 数码管的品种和类型繁多，所以在实际使用时应注意根据电路的不同选择不同类型的管子。例如，共阴极的 LED 数码管，只能接入输出为高电平的译码驱动电路；共阳极的 LED 数码管，只能接入输出为低电平的译码驱动电路。动态扫描显示电路的输出端，只能接多位动态 LED 数码管。

各厂家或同一厂家生产的不同型号的 LED 数码管，即使封装尺寸完全相同，其性能和引脚排列有可能大相径庭。反过来，功能和引脚排列相同的 LED 数码管，外形尺寸往往有大有小。所以选用或代换 LED 数码管时，只能以它的型号为根据。

LED 数码管属于电流控制型器件，它的发光亮度与工作电流成正比。实际使用时，每段笔画的工作电流取 5～15 mA(指普通小型管)，这样既可保证亮度适中，延长使用寿命，又不会损坏数码管。如果在大电流下长期使用，容易使数码管亮度衰退，降低使用寿命，过大的电流(指超过内部发光二极管所允许的极限值)还会烧毁数码管。为了防止过大电流烧坏数码管，在电路中使用时一定要注意给它串联上合适的限流电阻器。

使用 LED 数码管时必须注意区分普通亮度数码管和高亮度数码管。通常情况下，用高亮度数码管可以代换现有设备上的普通亮度数码管，但反过来不能用普通亮度数码管代换高亮度数码管。这是因为普通亮度数码管的发光强度 $I_v \geqslant 0.15$ mcd(毫坎)，而高亮度数码管的发光强度 $I_v \geqslant 5$ mcd，两者相差悬殊，并且普通亮度数码管每个笔段的工作电流 $\geqslant 5$ mA，而高亮度数码管在大约 1 mA 的工作电流下即可发光。

在挑选国产 BS××× 系列 LED 数码管时，应注意产品型号标注的末位编号，以便与译码驱动电路等相匹配。通常产品末位数字是偶数的，为共阳极数码管，如 BS206、BS244 等；若产品末位数字是奇数，则为共阴极数码管，如 BS205、BS325 等。但也有个别产品例外，应注意区分。型号后缀字母"R"，表示发红光；后缀字母"G"，表示发绿光；后缀字母"OR"，表示发橙光。

小型 LED 数码管为一次性产品，即使其中一个笔段的发光二极管在使用中损坏，也只能更换新管。曾见某图书介绍修复数码管内部损坏发光二极管的方法，笔者亲自动手实践，发现根本行不通，只会是徒劳的。因为采用环氧树脂灌封的全密封产品，外壳根本无法打开，强行用刀切割，随着面板的四分五裂，里面的电路和光导材料早已被破坏得面目全非了。

LED 数码管除了常用的"8"字形数码管以外，较常见的还有图 2-26 所示的"±1"数字

"±1"数字管　　　　"N"形管　　　　"米"字管

图 2-26　特殊的 LED 数码管

管、"N"形管和"米"字管等。其中，"±1"数字管能够显示"＋1"和"－1"，以及小数点"."。"N"形管除了具有"8"字形数码管的功能外，还能够显示字母"N"等。"米"字管功能最全，除显示数学运算符号"＋""－""×""÷"之外，还可显示 A～Z 共 26 个英文字母，常用作单位符号显示。

2.5 思考与练习

1. 使用 YL—236 单片机实训考核平台完成任务一数码管显示器数字显示的制作。

2. 使用 YL—236 单片机实训考核平台完成任务二数码管计分器的模拟制作。

3. 使用 YL—236 单片机实训考核平台完成任务三数码管倒计时秒表的模拟制作。

4. 使用 YL—236 单片机实训考核平台完成任务四数码管电子钟的模拟制作。

5. 使用 YL—236 单片机实训考核平台完成任务五串口校时电子钟的模拟制作。

6. 考虑一下，综合任务四和任务五试设计一具有按键校时和串口校时功能的万年历，万年历分时显示年月日和时分秒，请设计模块接线图并画出线路图框图、程序流程图，编写程序进行调试。

简易电子密码锁的制作

3.1　项目介绍

安全问题是现代社会人们普遍关注的问题之一。市场上的电子密码锁多种多样，有用于保险柜的，有用于房门的。如图 3-1 所示就是常见的保险柜密码锁和房门电子密码锁。下面我们将采用单片机、数码管显示模块和指令模块中的 4×4 行列式键盘来设计制作一个简易的电子密码锁。

图 3-1　电子密码锁

3.2　项目知识

3.2.1　行列式键盘接口

3.2.1.1　键盘的结构及类型

键盘是由若干按键组成的开关集合。按键是一种按压式（触点式）或触摸式（非触点式）按钮开关。常态下按键的两个触点处于断开状态，当按压或触摸按键时两个触点才处于闭合连通状态。

键盘中的按键能向单片机输入数字 0 ～ 9 或 0 ～ F 的键称为数字键，能向单片机输入命令以实现某项功能的键称为功能键或命令键。键盘上的按键是按一定顺序排列在一起的，每个按键都有各自的命名。单片机为了区分这些按键，必须给键盘上的每个按键赋予一个独有的编号或编码，按键的编号或编码称为键号或键值。单片机知道了按键的键号或键值，就能区分这个键号是数字键还是功能键。如果是数字键，就直接将该键值送到显示缓存区进行显示；如果是功能键，则由该键值找到该键功能的程序入口地址，并转去运行程序，即执行该键的命令。

因此，正确地确定按键的键值是执行该键功能的前提。

键盘接口与键盘程序的根本任务，就是要监测有没有按键按下，按下的是哪个位置的键，这个键的键值是多少，这个任务称为键盘的扫描。键盘的扫描可以用专用的集成电路芯片来完成，这种键盘称为编码式键盘；另一种是非编码式键盘，这种键盘是利用单片机的 I/O 端口交叉形成开关矩阵，对编码的识别必须由单片机中的用户应用程序完成。单片机系统中，为了节省成本，一般采用非编码式键盘。

为了能让单片机监测按键是否闭合，通常将按键开关的一个触点通过一个电阻(上拉电阻)接+5 V 电源(这个触点称为"测试端")，另一个触点接地(这个触点称为"接零端")，这样当按键开关未闭合时，其测试端为高电平，当按键开关闭合时，其测试端为低电平。

根据按键开关与单片机的连接方式不同，键盘可以分为独立式键盘和行列式(矩阵式)键盘。

独立式按键的特点：各按键相互独立，每个按键的"接零端"均接地，每个按键"测试端"各接一根输入线，如图 3-2 所示，一根输入线上的按键工作状态不会影响其他输入线上的工作状态。这样，通过检测输入线的电平状态就可以很容易地判断哪个按键被按下了，因为此操作速度高，而且软件结构很简单。但是，由于独立式键盘每个按键需占用一根输入口线，在按键数量较多时，输入口浪费大，故此种键盘只适用于按键较少或操作速度较高的场合。

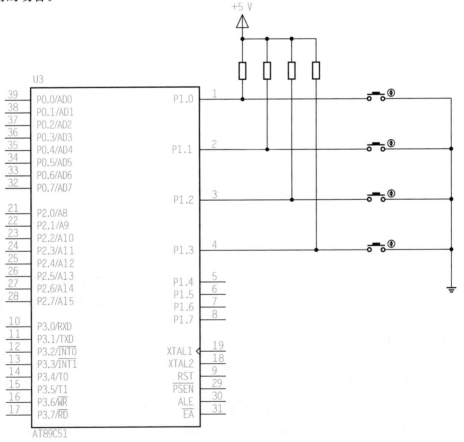

图 3-2 独立式键盘接口

行列式键盘的特点：行列式键盘的结构比独立式键盘要复杂一些。列线（垂直方向线）通过电阻（上拉电阻）接 +5 V 电源，并将行线（水平方向线）所接的单片机 I/O 端口作为输入端，而列线所接的 I/O 端口则作为输入。按键设置在行、列线的交叉点上，每一行线和列线的交叉处不通，而是通过按键来连通，利用这种行列结合只需 m 根行线和 n 跟列线就可以组成 $m \times n$ 个按键的键盘，因此行列式键盘适用于按键数量较多的场合。由于行列式键盘中行、列线为多键共用，所以必须将行、列线信号配合起来并做适当处理，才能确定闭合键位置，因此，软件结构较为复杂。行列式键盘接口如图 3-3 所示。

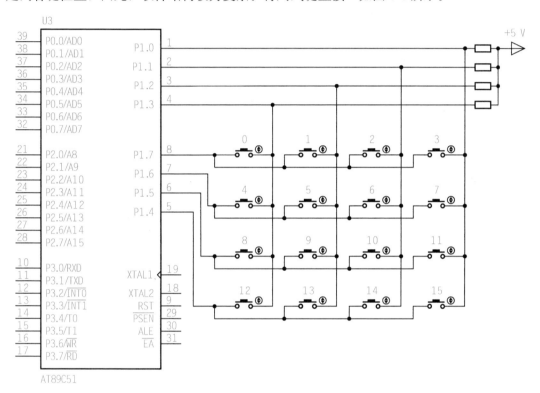

图 3-3　行列式键盘接口

3.2.1.2　行列式键盘的扫描方式

独立式键盘的按键扫描识别方法，在前面相关项目中已有所介绍，下面主要分析行列式键盘的键值扫描识别方法。

当行列式键盘有键按下时，要逐行或逐列扫描，以判定哪一个键按下。通常扫描方式有两种：扫描法和反转法。

1. 扫描法

扫描法的接口特点是：每条作为键输入线的列线（或行线）都通过一个上拉电阻接到 +5 V 电源上，并与该列（或行）各按键的测试端相连，每条作为键扫描输出行线（或列线）都不接上拉电阻到 +5 V 电源，只与该行（或列）各键的接零端相连。

扫描的过程分两步：

第一步：检测有无键按下。使所有键扫描输出均值为"0"，检查各键输入线电平是否有变化。例如在图 3-3 中，将 P1.3～P1.0 编程为输入线，P1.7～P1.4 编程为输出线。首先使 P1.7～P1.4 输出全"0"，然后读入 P1.3～P1.0，若为全"1"，则无按键按下，若非全"1"，则有键按下。

第二步：判断闭合键所在的位置。在确认有键按下后，即可进入确定具体闭合键的过程。

其方法是：依次将键扫描输出线置"0"电平，其余各输出线均置高电平，检查各条输入线电平的变化，如果某输入线由高电平变为"0"电平，则可以确定此输入线交叉点处的按键被按下。例如在图 3-3 中，若 P1.7～P1.4 输出 0111，而 P1.3～P1.0 读入 1110，可以从图 3-3 中看出是第 3 号键被按下，也即 3 号键的键值为"0111 1110"，C 语言中用十六进制表示为"0x7e"。以此类推，图 3-3 行列式键盘的键值如表 3-1 所示。

表 3-1　行列式键盘键值表

键号	0	1	2	3
键值	0x77	0x7b	0x7d	0x7e
键号	4	5	6	7
键值	0xb7	0xbb	0xbd	0xbe
键号	8	9	10	11
键值	0xd7	0xdb	0xdd	0xde
键号	12	13	14	15
键值	0xe7	0xeb	0xed	0xee

2. 反转法

扫描法要逐行(或逐列)扫描查询，当被按下的键处于最后一行(或最后一列)时，则要经过多次扫描才能最后获得此按键所处的行列值。而反转法只要经过三步就能获得此按键所在的行列值。

按键所在行号和列号分别由如下两步操作判定：将行线编程为输入线，列线编程为输出线，并使输出线输出全"0"，则行线中电平由高变到低的所在行为按键所在行。同第一步相反，将行线编程为输出线，列线编程为输入线，并使输出线输出全"0"，则列线中电平由高到低所在列为按键所在的列。第三步，将两次得到的值合在一起就得到了按键的键值。

3.2.1.3　行列式键盘的工作方式

单片机控制系统中，键盘扫描只是单片机工作的一部分。单片机在忙于各项工作任务时，如何兼顾键盘的输入，取决于键盘的工作方式。通常键盘的工作方式有以下三种。

1. 循环查询工作方式

它是利用单片机在完成其他工作任务后，调用键盘扫描程序，反复地扫描键盘，等待用户从键盘上输入数据或命令。在处理键输入数据的过程中，单片机将不响应键输入要求，直到单片机返回重新扫描为止。

2. 定时中断扫描工作方式

定时中断扫描工作方式是利用单片机内部定时器产生定时中断，单片机响应中断后对键盘进行扫描，并在有键按下时识别出该键并执行相应键功能程序。定时中断扫描工作方式的键盘电路与循环查询工作方式的键盘电路完全相同。

3. 中断工作方式

为了提高单片机的工作效率，键盘的扫描可以采用中断扫描工作方式，即只有在键盘有键按下时，才执行键盘扫描并执行该按键功能程序。如果无按键按下，单片机将不理不睬键盘。中断工作方式，在单片机控制系统的硬件电路上相对于前面两种工作方式要复杂些，在实际系统中一般兼顾软件和硬件的情况多采用定时中断扫描工作方式。

3.2.1.4 按键输入中存在的问题及解决方法

1. 键抖动

这个问题前文已有说明，这里不再重复。

2. 重键

有时由于操作不小心，可能会同时按下几个键，这种问题称为重键。

处理重键的方法有很多，这里只介绍最简单的一种处理方法。如果"n 个键同时按下"，即只处理一个键，任何其他按下又松开的键不产生任何代码。通常第一个被按下或最后一个松开的键产生键码。这种方法最简单，也最常用。

3. 按键持续时间的长短不一

按键稳定闭合时间的长短是由操作人员的按键动作决定的，一般为零点几秒至数秒。为了保证无论按键持续时间长短，单片机对键的一次闭合仅作一次键输入处理，必须等待按键释放之后，再进行按键功能的处理操作。

3.2.2 行列式键盘的基本驱动函数

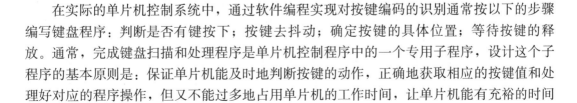

在实际的单片机控制系统中，通过软件编程实现对按键编码的识别通常按以下的步骤编写键盘程序：判断是否有键按下；按键去抖动；确定按键的具体位置；等待按键的释放。通常，完成键盘扫描和处理程序是单片机控制程序中的一个专用子程序，设计这个子程序的基本原则是：保证单片机能及时地判断按键的动作，正确地获取相应的按键值和处理好对应的程序操作，但又不能过多地占用单片机的工作时间，让单片机能有充裕的时间去处理其他的操作。按照这样的步骤，用反转法编写的行列式键盘驱动参考程序如下：

按键扫描参考子函数

```
/* 说明：该程序要求每 2 ms 左右执行一遍                        * /
/* * * * * * 可在定时中断中调用，也可在主程序中循环调用* * * * * * * /
#define uchar unsigned char
#define IOKEY P1                //定义按键的 I/O 口
void key()
{
static uchar kv= 0xff , ts= 0;
IOKEY= 0xf0;                    //键盘 I/O 口高 4 位置为输入，低 4 位置为输出，输出全"0"
if(IOKEY! = 0xf0)              //输入不是全"1"，为有键按下
{
    ts++ ;                     //静态变量计数值 ts 加"1"
    if(ts> 10)ts= 11;          //防止 ts 加过 256
    if(ts= = 10)               // ts 等于 10 即 20 ms 时取一次键值(延时去抖)
    {
      kv= IOKEY;               //反转法取键值
      IOKEY= 0x0f;
      kv= IOKEY| kv;
    }
}
else                           //按键抬起
{
    act_ key(kv);              //根据键值执行按键功能
    kv= 0xff; ts= 0;           //键值复位、静态变量计数值 ts 清零
}
}
```

3.2.3 继电器模块简介

3.2.3.1 继电器模块内部驱动电路

继电器模块内部驱动电路原理图如图 3-4 所示。

当 LOCK 接口中输入低电平时，光电耦合器 U1 导通，从而使继电器 RL1 线圈得电，同时 LED 灯点亮。若 LOCK 接口输入高电平，则光电耦合器 U1 不工作，继电器 RL1 线圈不得电，同时 LED 灯熄灭。

所以，只要通过单片机的 I/O 口输出高低电平到输入端 KA6 就能控制继电器的工作：单片机输出低电平，继电器线圈得电，触点动作；单片机输出高电平，继电器不得电，触点不动作。

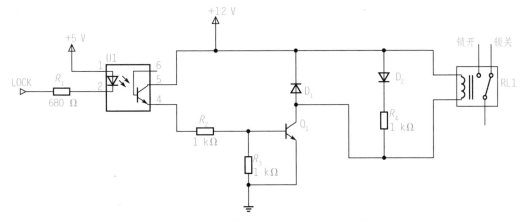

图 3-4　继电器模块内部驱动电路原理图

3.2.3.2　继电器开关锁程序

```
sbit LOCK= P2^4;
LOCK= 0;                //开锁指令
LOCK= 1;                //关锁指令
```

3.3　项目操作训练

密码锁按键显
示值 (项目实施)

3.3.1　任务一　密码锁按键值显示

3.3.1.1　任务要求

使用 YL—236 单片机实训考核装置实现密码锁按键值显示功能,具体要求如下:

(1)使用指令模块中行列式 4×4 键盘作为密码锁的输入。

(2)使用显示模块的 4 位数码管显示密码锁按键键值。

(3)上电后,数码管无显示,按下行列式 4×4 键盘的任意键,右边两个数码管显示按键的键值(键值参考表 3-1)。

3.3.1.2　任务分析

从任务要求来看,本任务比较简单,关键是通过扫描获得所按键的键值,再将键值拆成两位十六进制数并用数码管显示出来。

3.3.1.3　硬件电路

使用 YL—236 实训考核装置模拟实现本任务,其硬件模块接线如图 3-5 所示。将

YL—236单片机实训考核装置中的 MCU01、MCU02、MCU04、MCU05、MCU06 模块进行硬件连接，并接好系统电源。

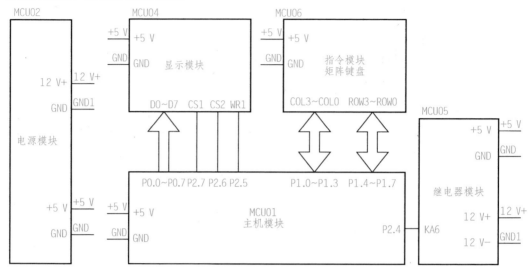

图 3-5 简易电子密码锁硬件接线图

3.3.1.4 任务程序的编写

密码锁按键值显示功能主函数流程图如图 3-6 所示，按键处理函数流程图如图 3-7 所示。

密码锁按键显示值（程序）

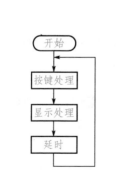

图 3-6 密码锁按键值显示
功能主函数流程图

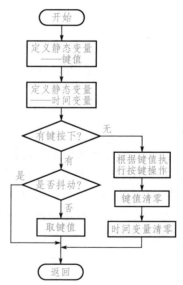

图 3-7 按键处理函数流程图

1. 参考程序

| 密码锁按键值显示参考程序 | MMS1. C |

```c
/* * * * * * * * * * * * * 宏定义* * * * * * * * * * * * * * * * * * /
#include < reg52. h>
#define uchar unsigned char
#define uint unsigned int
#define IOKEY P1
#define LEDDATA P0
/* * * * * * * * * * * LED数码管端口定义* * * * * * * * * * * * * * * * * * /
sbit DCS1= P2^7;  //段选片段
sbit WCS2= P2^6;  //位选片段
sbit CWR= P2^5;  //锁存控制
/* * * * * * * * * * * * 变量定义* * * * * * * * * * * * * * * * /
uchar code tab[]=        //共阳极数码管字形码
{
  0xc0, 0xf9, 0xa4, 0xb0, 0x99, 0x92, 0x82, 0xf8, 0x80, 0x90,
  0x88, 0x83, 0xc6, 0xa1, 0x86, 0x8e, 0xff
};
uchar dis_ buf[]= {16, 16, 16, 16};        //定义显示缓冲区
/* * * * * * * * * * * * 函数声明* * * * * * * * * * * * * * * * * /
void key(void);                //按键扫描函数
void act_ key(uchar kv);            //按键功能执行函数
void dis_ led(void);            //显示函数
/* * * * * * * * * * * 延时函数延时时间= t * 1ms* * * * * * * * * * * * * * * /
void mdelay(uint t)
{
  uchar i;
  while(t- - )
  for(i= 0; i< 144; i++ );
}
/* * * * * * * * * * * * 主函数* * * * * * * * * * * * * * * * * * /
void main(void)
{
  while(1)
  {
    key();        //按键处理
    dis_ led();    //显示处理
    mdelay(2);
  }
}
/* * * * * * * * * * * 显示子函数* * * * * * * * * * * * * * * * * /
void dis_ led(void)
{
  static uchar i= 0, j= 0xfe;    //变量定义
  LEDDATA= 0xff;      //清屏
```

```
    DCS1= 0; WCS2= 0;
    CWR= 0; CWR= 1;
    DCS1= 1; WCS2= 1;

    DCS1= 0;    //段选
    LEDDATA= tab[dis_ buf[i]];
    CWR= 0; CWR= 1;
    DCS1= 1;

    WCS2= 0;    //位选
    LEDDATA= j;
    CWR= 0; CWR= 1;
    WCS2= 1;

    i++ ;    //改变静态变量
    j= j< < 1| 0x01;
    if(j= = 0xef){i= 0; j= 0xfe;}
}
/* * * * * * * * * * * * 按键扫描子函数* * * * * * * * * * * * * * * * * /
void key(void)
{
    static uchar kv= 0xff , ts= 0;
    IOKEY= 0xf0;    //键盘 I/O 口高 4 位置为输入，低 4 位置为输出，输出全"0"
    if(IOKEY! = 0xf0)    //输入不是全"1"，为有键按下
    {
        ts++ ;    //静态的时间变量计数值 ts 加 "1"
        if(ts> 10)ts= 11;    //防止 ts 加过 256
        if(ts= = 10)    // ts 等于 10 即 20 ms 时取一次键值(延时去抖)
        {
            kv= IOKEY;    //反转法取键值
            IOKEY= 0x0f;
            kv= IOKEY| kv;
        }
    }
    else    //按键抬起
    {
        act_ key(kv);    //根据键值执行按键功能
        kv= 0xff; ts= 0;    //键值复位、静态变量计数值 ts 清零
    }
}
/* * * * * * * * * * * * 按键功能执行子函数* * * * * * * * * * * * * * * * * /
void act_ key(uchar kv)
{
    switch (kv)
    {
        case 0xff: break;
        default:
            dis_ buf[1]= kv/16;    //获得十位数字
            dis_ buf[0]= kv% 16;    //获得个位数字
    }
}
```

2. 程序说明

该程序比较简单，主程序就是按键处理和显示处理两大块。按键处理函数负责扫描按键，若有按键按下，获取键值，在按键抬起时将键值分成两位十六进制数，送显示缓冲区。显示处理函数主要负责将显示缓冲区的内容在数码管上显示出来。

3.3.1.5 任务实施步骤

(1)硬件电路连接：按照图 3-5 所示的硬件电路接线图，选择所需的模块并进行布局，然后将电源模块、主机模块、显示模块、指令模块和继电器模块用导线进行连接。单片机使用仿真器的仿真头来代替。

(2)打开 MedWin 软件，通过执行菜单"项目管理"→"新建项目"命令，新建立一个工程项目"简易电子密码锁 1"，然后再建一个文件名为 MMS1. C 的源程序文件，将上面的参考程序从 Keil 中复制过来并保存。

(3)单击"重新产生代码并装入"按钮或使用【Ctrl】+【F9】快捷键，对源程序进行编译和链接，产生目标代码并装入仿真器中。

(4)接通电源，调试运行。

(5)进行扎线，整理。

3.3.1.6 任务评价

任务完成后要填写任务评价表，见表 3-2。

表 3-2 任务一完成情况评价表

任务名称			评价时间		年 月 日	
小组名称		小组成员				
评价内容	评价要求	权重	评价标准	学生自评得分	小组评价得分	教师评价得分	合计
职业与安全意识	(1)工具摆放、操作符合安全操作规程； (2)遵守纪律，爱惜设备和器材，工位整洁； (3)具有团队协作精神	10%	好(10) 较好(8) 一般(6) 差(<6)				
模块的布局和布线工艺	(1)模块布局合理，模块的选择应符合要求； (2)根据需要选择不同颜色的导线进行连接，导线连接应可靠，走线合理，扎线整齐、美观	15%	好(15) 较好(12) 一般(9) 差(<9)				
任务功能测试	(1)编写的程序能成功编译； (2)模拟仿真调试成功； (3)程序能正确烧写到芯片中； (4)能按任务要求在数码管上正确显示按键键值	60%	好(60) 较好(45) 一般(30) 差(<30)				

续表

评价内容	评价要求	权重	评价标准	学生自评得分	小组评价得分	教师评价得分	合计
问题与思考	(1)简单描述键盘的接口及类型； (2)描述按键识别的两种方法； (3)说明行列式键盘的三种工作方式； (4)说明如何将一个小于 256 的数拆成两位十六进制数	15%	好(15) 较好(12) 一般(9) 差(<6)				
教师签名			学生签名			总分	
任务评价＝学生自评(0.2)＋小组评价(0.3)＋教师评价(0.5)							

3.3.2 任务二 密码锁密码显示

3.3.2.1 任务要求

使用 YL—236 单片机实训考核装置实现密码锁密码显示功能，具体要求如下：

(1)使用指令模块中行列式 4×4 键盘作为密码锁的输入。

(2)使用显示模块的 4 位数码管显示密码锁按键键值。

(3)上电后，数码管无显示。按下行列式 4×4 键盘的数字键时，对应的密码数字显示在最右边的数码管上，原来显示的内容依次向左移动一位。按下"清除"键，密码全部清除，四个数码管全部无显示。按键排列对应参照图 3-8。

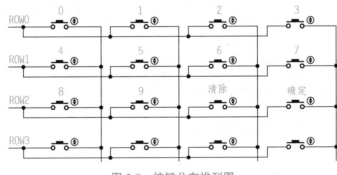

图 3-8　按键分布排列图

3.3.2.2 任务分析

从任务要求来看，本任务紧接着任务一。通过扫描获得按键的键值后，即可根据键值执行相关操作。

本任务中按键以功能分为"数字"键和"清除"键，按下"数字"键，该键所对应的数字插入密码的最低位，密码最高位丢弃，其余位各依次向左移动一位。按下"清除"键清除前面输入的密码。

根据任务要求，密码由 4 位 0 ～ 9 的数字组成，可用一个长度为 4 的 char 型数组来存放。密码清除后，密码的每一位用一个大于 9 的数来表示。

密码的显示只与存放密码的数组发生关系。如果该位密码有值(即小于等于 9)，则将其送显示缓冲区，如果暂时未输入该位密码的值，该位仍然保持着密码清除后的值(大于 9)，则将一个使数码管不显示的字形码(0xff)对应的数字(16)送显示缓冲区。

3.3.2.3 硬件电路

本任务用 YL—236 实训考核装置实现，硬件模块接线图同任务一完全一致，这里不再重复。

3.3.2.4 任务程序的编写

密码锁按键移动
显示（程序）

◎ 1. 主程序流程图

密码锁密码显示主程序流程如图 3-9 所示。

图 3-9 密码锁密码显示主程序流程图

◎ 2. 参考程序

密码锁密码显示参考程序	MMS2.C

```
/* * * * * * * * * * * * * * 宏定义 * * * * * * * * * * * * * * * * * /
#include < reg52. h>
#define uchar unsigned char
#define uint unsigned int
#define IOKEY P1
#define LEDDATA P0
/* * * * * * * * * * * LED 数码管端口定义 * * * * * * * * * * * * * * * * /
sbit DCS1= P2^7;        //段选片段
sbit WCS2= P2^6;        //位选片段
sbit CWR= P2^5;         //锁存控制
/* * * * * * * * * * * * * 变量定义 * * * * * * * * * * * * * * * * * /
uchar code tab[]=       //共阳极数码管字形码
{
```

```
  0xc0, 0xf9, 0xa4, 0xb0, 0x99, 0x92, 0x82, 0xf8, 0x80, 0x90,
  0x88, 0x83, 0xc6, 0xa1, 0x86, 0x8e, 0xff
};
uchar dis_ buf[]= {16, 16, 16, 16};        //定义显示缓冲区
uchar password[4]= {20, 20, 20, 20};        //定义存放输入密码区
/* * * * * * * * * * * * 函数声明* * * * * * * * * * * * * * * * * * /
void key(void);                            //按键扫描函数
void act_ key(unsigned char kv);           //按键功能执行函数
void szKey(uchar sz);                      //数字键功能执行函数
void dis_ led(void);                       //显示驱动函数
void show(void);                           //显示处理函数
/* * * * * * * * * * * * 延时函数延时时间= t * 1ms* * * * * * * * * * * * * * * * * * /void mdelay
(uint t)
{
  uchar i;
  while(t- - )
  for(i= 0; i< 144; i++ );
}
/* * * * * * * * * * * * 主函数* * * * * * * * * * * * * * * * * * /
void main(void)
{
  while(1)
  {
    key();            //按键处理
    show();           //显示处理
    dis_ led();       //显示驱动
    mdelay(2);
  }
}
/* * * * * * * * * * * * 按键扫描子函数* * * * * * * * * * * * * * * * * * /
void key(void)
{
  static uchar kv= 0xff , ts= 0;
  IOKEY= 0xf0;      //键盘 I/O 口高 4 位置为输入，低 4 位置为输出，输出全"0"
  if(IOKEY! = 0xf0)      //输入不是全"1"，为有键按下
  {
    ts++ ;              //静态的时间变量计数值 ts 加 "1"
    if(ts> 10)ts= 11;   //防止 ts 加过 256
    if(ts= = 10)        // ts 等于 10 即 20 ms 时取一次键值（延时去抖）
    {
      kv= IOKEY;        //反转法取键值
      IOKEY= 0x0f;
      kv= IOKEY| kv;
    }
  }
  else              //按键抬起
  {
    act_ key(kv);       //根据键值执行按键功能
```

```
      kv= 0xff; ts= 0;        //键值复位、静态变量计数值 ts 清零
    }
}
/* * * * * * * * * * * * * 按键功能执行子函数 * * * * * * * * * * * * * * * * * * */
void act_ key(unsigned char kv)
{
  uchar i;
  switch (kv)
  {
    //case 0: break;
    case 0x77:        //数字键"0"
        szKey(0);
        break;
    case 0x7b:        //数字键"1"
        szKey(1);
        break;
    case 0x7d:        //数字键"2"
      szKey(2);
        break;
    case 0x7e:        //数字键"3"
        szKey(3);
        break;
    case 0xb7:        //数字键"4"
        szKey(4);
        break;
    case 0xbb:        //数字键"5"
        szKey(5);
        break;
    case 0xbd:        //数字键"6"
        szKey(6);
        break;
    case 0xbe:        //数字键"7"
        szKey(7);
        break;
    case 0xd7:        //数字键"8"
        szKey(8);
        break;
    case 0xdb:        //数字键"9"
        szKey(9);
        break;
    case 0xdd:        //"清除"键
        for(i= 0; i! = 4; i++ )password[i]= 20;
        break;
    case 0xde:
        break;
    case 0xe7:
        break;
    case 0xeb:
```

```c
        break;
    case 0xed:
        break;
    case 0xee:
        break;
    //default:
    }
}
/* * * * * * * * * * * * 按数字键功能执行子函数* * * * * * * * * * * * * * * * */
void szKey(uchar sz)
{
    uchar i;
    for(i= 3; i! = 0; i- - )
    {
        password[i]= password[i- 1];
    }
    password[0]= sz;
}
/* * * * * * * * * * * * 显示处理函数* * * * * * * * * * * * * * * * * * */
void show(void)
{
    uchar i;
    for(i= 0; i! = 4; i++ )
    {
        if(password[i]< 10)
        {
            dis_ buf[i]= password[i];      //密码元素为0~9时，送显示缓冲区
        }
        else
        {
            dis_ buf[i]= 16;          //密码元素值未输入，对应数码管不显示
        }
    }
}
/* * * * * * * * * * * * 显示驱动函数* * * * * * * * * * * * * * * * * * */
void dis_ led(void)
{
    static uchar i= 0, j= 0xfe;     //变量定义
    LEDDATA= 0xff;         //清屏
    DCS1= 0;    WCS2= 0;
    CWR= 0;   CWR= 1;
    DCS1= 1;    WCS2= 1;
    DCS1= 0; //段选
    LEDDATA= tab[dis_ buf[i]];
    CWR= 0;   CWR= 1;
    DCS1= 1;

    WCS2= 0; //位选
```

```
LEDDATA= j;
CWR= 0; CWR= 1;
WCS2= 1;

i++ ; //改变静态变量
j= j< < 1| 0x01;
if(j= = 0xef){i= 0; j= 0xfe;}
}
```

3.3.2.5　任务实施步骤

(1)硬件电路连接：按照图 3-5 所示的硬件电路接线图，选择所需的模块并进行布局，然后将电源模块、主机模块、显示模块、指令模块和继电器模块用导线进行连接。单片机使用仿真器的仿真头来代替。

(2)打开 MedWin 软件，通过执行菜单"项目管理"→"新建项目"命令，新建立一个工程项目"简易电子密码锁 2"，然后再建一个文件名为 MMS2.C 的源程序文件，将上面的参考程序从 Keil 中复制过来并保存。

(3)单击"重新产生代码并装入"按钮或使用【Ctrl】+【F9】快捷键，对源程序进行编译和链接，产生目标代码并装入仿真器中。

(4)接通电源，调试运行。

(5)进行扎线，整理。

3.3.2.6　任务评价

任务完成后要填写任务评价表，见表 3-3。

表 3-3　任务二完成情况评价表

任务名称				评价时间		年　月　日	
小组名称			小组成员				
评价内容	评价要求	权重	评价标准	学生自评得分	小组评价得分	教师评价得分	合计
职业与安全意识	(1)工具摆放、操作符合安全操作规程； (2)遵守纪律，爱惜设备和器材，工位整洁； (2)具有团队协作精神	10%	好(10) 较好(8) 一般(6) 差(<6)				
模块的布局和布线工艺	(1)模块布局合理，模块的选择应符合要求； (2)根据需要选择不同颜色的导线进行连接，导线连接应可靠，走线合理，扎线整齐、美观	15%	好(15) 较好(12) 一般(9) 差(<9)				

续表

评价内容	评价要求	权重	评价标准	学生自评得分	小组评价得分	教师评价得分	合计
任务功能测试	(1)编写的程序能成功编译； (2)模拟仿真调试成功； (3)程序能正确烧写到芯片中； (4)能按任务要求在数码管上正确显示和清除密码值	60%	好(60) 较好(45) 一般(30) 差(<30)				
问题与思考	(1)简单描述如何实现数字键的功能； (2)描述密码显示的流程	15%	好(15) 较好(12) 一般(9) 差(<6)				
教师签名			学生签名			总分	
任务评价＝学生自评(0.2)＋小组评价(0.3)＋教师评价(0.5)							

3.3.3　任务三　简易电子密码锁的制作

3.3.3.1　任务要求

简易电子密码锁的
制作（项目实施）

使用 YL—236 单片机实训考核装置实现密码锁密码显示功能，具体要求如下：

(1)使用指令模块中行列式 4×4 键盘作为密码锁的输入。按键排列对应参照图 3-8。使用显示模块的 4 位数码管显示对应的密码字符"—"。使用继电器模块的 KA6，控制密码锁的开、关，继电器得电为开锁状态，继电器断电为关闭状态。

(2)上电后，数码管无显示，初始密码为"1234"。

(3)按下 4×4 键盘的数字键时，对应的密码字符("—")显示在最右边的数码管上，对应的数字存入密码最低位。原来显示的内容及密码依次向左移动一位，最高位的密码丢弃。

(4)按下"清除"键，密码全部清除，四个数码管全部无显示。

(5)按下"确定"键，比较输入密码和初始密码。如果相同则锁打开，两秒钟后自动进入关闭状态。如果不同，密码清除，密码锁保持关闭状态。

3.3.3.2　任务分析

本任务相比任务二增加的内容主要是密码的检验，在输入密码时为了起到保密作用，将显示的密码数值改为显示字符"—"。

1. 密码检验

密码检验是在按下"确定"键时执行的。其方法是将所有有效密码组合在一起，如果等于"1234"则开锁，否则密码锁保持关闭状态。需要注意的是，按下确定键后，无论密码正确与否，是否执行开锁，密码都要全部清除，为下一次正确输入密码做准备。

2. 显示密码字符

显示处理时，任务二是将有效密码值送显示缓冲区，而本任务是将密码字符"－"的字形码"0xbf"在字形码表中对应的位置(参考程序中为"17")送显示缓冲区。

3. 开锁处理

设全局变量为 bit open，在按键处理中当密码检验正确，open 置 1，否则 open 清零。在开锁处理时当 open 为 1 则开锁，同时计时，两秒后 open 清零。当 open 为 0 时，关锁，清零开锁时计时用的静态变量。

3.3.3.3 硬件电路

本任务用 YL—236 实训考核装置实现，硬件模块接线图同任务一完全一致，这里不再重复。

简易电子密码锁的
制作（程序）

3.3.3.4 任务程序的编写

1. 主程序流程图

密码锁制作主程序流程图如图 3-10 所示。

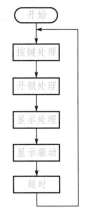

图 3-10 密码锁制作主程序流程图

2. 参考程序

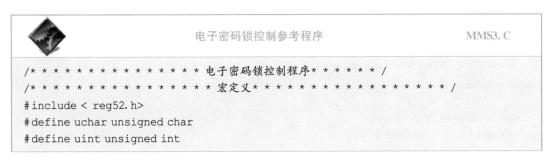

	电子密码锁控制参考程序	MMS3. C

```
/* * * * * * * * * * * * * * 电子密码锁控制程序* * * * * * */
/* * * * * * * * * * * * * * * * 宏定义 * * * * * * * * * * * * * * * * */
#include < reg52.h>
#define uchar unsigned char
#define uint unsigned int
```

```
#define IOKEY P1
#define LEDDATA P0
/* * * * * * * * * * * LED 数码管端口定义* * * * * * * * * * * * * * * /
sbit DCS1= P2^7;              //段选片段
sbit WCS2= P2^6;              //位选片段
sbit CWR= P2^5; /            /锁存控制
sbit LOCK= P2^4;             //密码锁开关控制
/* * * * * * * * * * 变量定义* * * * * * * * * * * * * * * * * /
uchar code tab[]=            //共阳极数码管字形码
{
    0xc0, 0xf9, 0xa4, 0xb0, 0x99, 0x92, 0x82, 0xf8, 0x80, 0x90,
    0x88, 0x83, 0xc6, 0xa1, 0x86, 0x8e, 0xff, 0xbf
};
uchar dis_ buf[]= {16, 16, 16, 16};       //定义显示缓冲区
uchar password[4]= {20, 20, 20, 20};      //定义存放输入密码区
uint Con, Shu= 1234;    //密码
bit open= 0;         //密码锁开关状态标志
/* * * * * * * * * * * 函数声明* * * * * * * * * * * * * * * /
void key(void);                 //按键扫描函数
void opt(void);                 //开锁处理函数
void act_ key(unsigned char kv);        //按键功能执行函数
void szKey(uchar sz);           //数字键功能执行函数
void dis_ led(void);        //显示驱动函数
void show(void);                //显示处理函数
/* * * * * * * * * * * 延时函数延时时间= t * 1ms* * * * * * * * * * * * * /
void mdelay(uint t)
{
    uchar i;
    while(t- - )
    for(i= 0; i< 144; i++ );
}
/* * * * * * * * * * * 主函数* * * * * * * * * * * * * * * / 
void main(void)
{
    while(1)
    {
     key();          //按键处理
     opt();          //开锁处理
     show();         //显示处理
     dis_ led();     //显示驱动
     mdelay(2);
    }
}
/* * * * * * * * * * * 开锁处理函数* * * * * * * * * * * * * * * / 
void opt(void)
{
  static uint tm= 0;
  if(open)           //锁开状态
```

```
  {
    LOCK= 0;
    tm++ ;
    if(tm= = 1000)    //两秒后自动关锁
    open= 0;
  }
  else              //锁关状态
  {
    LOCK= 1;          //关锁
    tm= 0;            //计时值清零
  }
}
/* * * * * * * * * * * * 显示处理函数* * * * * * * * * * * * * * * * * */
void show(void)
{
  uchar i;
  for(i= 0; i! = 4; i++ )      //处理4为密码显示
  {
    if(password[i]< 10)
    {
      dis_ buf[i]= 17;       //有效密码显示"—"
    }
    else
    {
      dis_ buf[i]= 16;       //无效密码不显示
    }
  }
}
/* * * * * * * * * * * * 显示子函数* * * * * * * * * * * * * * * * * */
void dis_ led(void)
{
    static uchar i= 0, j= 0xfe; //变量定义
    LEDDATA= 0xff;          //清屏
    DCS1= 0;    WCS2= 0;
    CWR= 0;    CWR= 1;
    DCS1= 1;    WCS2= 1;

    DCS1= 0; //段选
    LEDDATA= tab[dis_ buf[i]];
    CWR= 0; CWR= 1;
    DCS1= 1;

    WCS2= 0; //位选
    LEDDATA= j;
    CWR= 0; CWR= 1;
    WCS2= 1;

    i++ ; //改变静态变量
```

```
      j= j< < 1| 0x01;
      if(j= = 0xef){i= 0; j= 0xfe;}


}
/* * * * * * * * * * * * 按键扫描子函数* * * * * * * * * * * * * * * * * /
void key(void)
{
  static uchar kv= 0xff , ts= 0;
  IOKEY= 0xf0;    //键盘 I/O 口高 4 位置为输入，低 4 位置为输出，输出全"0"
  if(IOKEY! = 0xf0)    //输入不是全"1"，为有键按下
  {
  ts++ ;            //静态的时间变量计数值 ts 加 "1"
  if(ts> 10)ts= 11;   //防止 ts 加过 256
  if(ts= = 10)        // ts 等于 10 即 20 ms 时取一次键值(延时去抖)
  {
  kv= IOKEY;        //反转法取键值
  IOKEY= 0x0f;
  kv= IOKEY| kv;
  }
  }
  else              //按键抬起
  {
  act_ key(kv);      //根据键值执行按键功能
  kv= 0xff; ts= 0;     //键值复位、静态变量计数值 ts 清零
  }
}
/* * * * * * * * * * * * 按键功能执行子函数* * * * * * * * * * * * * * * * /
void act_ key(unsigned char kv)
{
  uchar i;
  switch (kv)
  {
    //case 0: break;
    case 0x77:          //数字键"0"
        szKey(0);
        break;
    case 0x7b:            //数字键"1"
        szKey(1);
        break;
    case 0x7d:          //数字键"2"
        szKey(2);
        break;
    case 0x7e:          //数字键"3"
        szKey(3);
        break;
    case 0xb7:          //数字键"4"
        szKey(4);
        break;
```

```
        case 0xbb:              //数字键"5"
            szKey(5);
            break;
        case 0xbd:              //数字键"6"
            szKey(6);
            break;
        case 0xbe:              //数字键"7"
            szKey(7);
            break;
        case 0xd7:              //数字键"8"
            szKey(8);
            break;
        case 0xdb:              //数字键"9"
            szKey(9);
            break;
        case 0xdd:              //"清除"键
            for(i= 0; i! = 4; i++ )      //将4位密码全部置为无效
                password[i]= 20;
            break;
        case 0xde:              //"确定"键
            for(i= 4; i! = 0; i- - )          //组合密码
            {
                if(password[i- 1]< 10)
                    Con= Con * 10+ password[i- 1];
                else
                    break;
            }
            if(Con= = Shu)              //密码比较，开关锁
            {open= 1;}
            else
            {open= 0;}
            for(i= 0; i! = 4; i++ )      //清除密码
                password[i]= 20;
            Con= 0;
            break;
        case 0xe7:
            break;
        case 0xeb:
            break;
        case 0xed:
            break;
        case 0xee:
            break;
        //default:
    }
}
/* * * * * * * * * * * * * * 按数字键功能执行子函数* * * * * * * * * * * * * * * * * * /
void szKey(uchar sz)
```

```
{
  uchar i;
  for(i= 3; i! = 0; i- - )
  {
    password[i]= password[i- 1];
  }
  password[0]= sz;
}
```

3.3.3.5 任务实施步骤

（1）硬件电路连接：按照图 3-5 所示的硬件电路接线图，选择所需的模块并进行布局，然后将电源模块、主机模块、显示模块、指令模块和继电器模块用导线进行连接。单片机使用仿真器的仿真头来代替。

（2）打开 MedWin 软件，通过执行菜单"项目管理"→"新建项目"命令，新建立一个工程项目"简易电子密码锁 3"，然后再建一个文件名为 MMS3.C 的源程序文件，将上面的参考程序从 Keil 中复制过来并保存。

（3）单击"重新产生代码并装入"按钮或使用【Ctrl】+【F9】快捷键，对源程序进行编译和链接，产生目标代码并装入仿真器中。

（4）接通电源，调试运行。

（5）进行扎线，整理。

3.3.3.6 任务评价

任务完成后要填写任务评价表，见表 3-4。

表 3-4 任务三完成情况评价表

任务名称			评价时间		年	月	日
小组名称		小组成员					
评价内容	评价要求	权重	评价标准	学生自评得分	小组评价得分	教师评价得分	合计
职业与安全意识	（1）工具摆放、操作符合安全操作规程； （2）遵守纪律，爱惜设备和器材，工位整洁； （3）具有团队协作精神	10%	好(10) 较好(8) 一般(6) 差(<6)				
模块的布局和布线工艺	（1）模块布局合理，模块的选择应符合要求； （2）根据需要选择不同颜色的导线进行连接，导线连接应可靠，走线合理，扎线整齐、美观	15%	好(15) 较好(12) 一般(9) 差(<9)				

评价内容	评价要求	权重	评价标准	学生自评得分	小组评价得分	教师评价得分	合计
任务功能测试	(1)编写的程序能成功编译； (2)模拟仿真调试成功； (3)程序能正确烧写到芯片中； (4)能按任务要求在数码管上正确显示和清除密码字符； (5)根据密码输入能正确开锁、关锁	60%	好(60) 较好(45) 一般(30) 差(<30)				
问题与思考	(1)简单描述密码检测的过程； (2)描述正确显示密码字符的方法； (3)描述按下"确定"键后系统要做哪些事情	15%	好(15) 较好(12) 一般(9) 差(<6)				
教师签名			学生签名			总分	
任务评价＝学生自评(0.2)＋小组评价(0.3)＋教师评价(0.5)							

3.4　知识拓展

本项目详细介绍了行列式键盘按键识别的方法，属于一键一义，即一个按键代表一个确切的命令或一个数字，编程时只要根据当前按键的编码值做出相应的处理，如用于数码管的显示或作为某个程序执行相应的处理模块的入口，无须知道在此以前的按键情况。在大多数实际的单片机控制系统中，可能要用到一个按键来输入多种信息，如：单击/双击/三击、短击/长击，还有各种组合按键形式等。下面将简单介绍这些按键，并给出一个处理这些按键的解释。

1. 一键多义

在一键多义的情况下，一个按键有多种功能，既可做多种命令键，又可以作数字键。一个单片机控制程序的控制命令不是由一次按键，而是由一个按键序列所组成。换句话说，对一个按键含义的解释，除了取决于本次按键外，还取决于以前按了些什么键。因此对于一键多义单片机控制程序，首先要判断一个按键序列(而不是一次按键)是否已构成一个合法的命令。若已构成合法控制命令，则执行控制命令，否则等待新按键输入。"单击/双击/三击"按键，就是这种常见的一键多义。

2. 长短键

按键按下后立刻释放，这种按键方式可以看作是按键的"短击"。按键按下并延时一段时间后再释放，这种按键方式可以看作是按键的"长击"。当一个按键上同时支持"短击"和"长击"时，两者的执行时机是不同的，一般来说按键的"长击"一旦被检测到就立即执行，而对于按键的"短击"来说，因为当按键被按下时，单片机控制程序无法预知本次击键的时间长度，所以按键的"短击"必须在释放后再执行。

3. 组合按键

单片机控制系统中，有时为了减少按键的个数，会设置一些组合按键，即单独地按下一些按键时，其键值为一种值，若同时按下某个特殊的按键和这些按键时，其键值又会有其他的一种值。

3.5 思考与练习

1. 能不能在输入错误的时候，数码管上显示"Err"，而当输入正确的时候，数码管显示"PASS"？

2. 在一些银行中出于安全需要，柜台机的按钮上就有数码管，当需要输入密码时，按钮上就出现随机排列的0~9键。想一想，能不能使用数码管DS0~DS7模拟数字键盘中0~7按键下的数码管，其显示数值能随机排列，用户需根据随机排列的数字输入正确密码，这样的人机界面我们能不能做呢？

LED 点阵显示屏广告牌的制作

4.1 项目介绍

　　LED 点阵显示屏是利用发光二极管点阵模块或像素单元组成的平面式显示屏幕。它具有发光效率高、亮度高、使用寿命长、色彩鲜艳以及工作稳定可靠等优点，广泛应用于公交汽车、码头、商店、学校和银行等公共场合的信息发布和广告宣传。LED 点阵显示屏经历了从单色、双色图文显示屏到现在的全彩色视频显示屏的发展过程，自 20 世纪 80 年代开始，LED 点阵显示屏的应用领域已经遍布交通、电信、教育、证券、广告宣传等各方面。随着社会经济的迅速发展，如今的广告牌都利用 PC 机通信技术控制 LED 点阵显示屏，则具有显示内容丰富，信息更换灵活等优点。图 4-1 展示了 LED 电子点阵显示屏的应用场合。

　　LED 点阵显示屏具有很强的实用性，如图 4-1 所示，下面我们将采用单片机和 LED 点阵显示屏来设计制作一个广告显示屏。

图 4-1　LED 电子点阵显示屏的应用场合

4.2 项目知识

4.2.1 LED 点阵显示屏显示字符的原理

4.2.1.1 认识 LED 点阵显示屏

　　LED 点阵显示屏是由 LED 点阵模块构成。LED 点阵模块以发光二极管为像素（它用高亮度发光二极管芯阵列组合后,采用环氧树脂和塑模封装而成),它主要具有高亮度、引脚少、视角大、寿命长、耐湿、耐冷热、耐腐蚀等特点。LED 点阵模块的大小常见的有 4×4、4×8、5×7、5×8、8×8、16×16 等规格。LED 点阵模块单块使用时,既可代替数码管显示数字,也可显示各种中西文字及符号,如 5×7 点阵显示器用于显示西文字母,5×8 点阵显示器用于显示中西文,8×8 点阵可以用于显示简单的中文文字,也可用于简单图形显示。用多块点阵显示模块组合则可构成大屏幕 LED 点阵显示屏。图 4-2 列出了一种 8×8 点阵模块的外形和内部结构示意图。

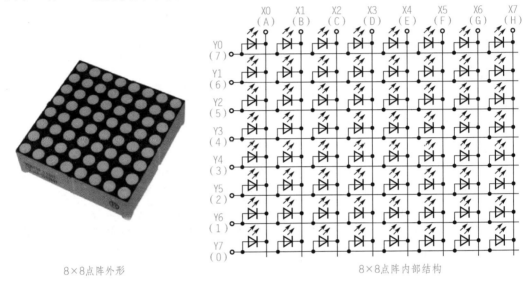

8×8点阵外形   8×8点阵内部结构

图 4-2   8×8 LED 点阵模块的外形和内部结构示意图

4.2.1.2   LED 点阵显示屏显示字符的原理

LED 点阵显示屏中的模块显示方式有静态显示和动态显示两种,大部分采用的是动态显示方式。LED 点阵动态显示的原理与 LED 数码管的动态扫描显示的原理是一样的,都是利用人眼的视觉暂留特性和 LED 的余辉现象来工作的,这个就和放电影的道理是一样的。下面以显示 8×8 LED 点阵模块显示数字 1 来说明 LED 点阵动态显示字符的原理。

图 4-2 中,将 8×8 LED 点阵模块中水平引出线 Y0、Y1、⋯、Y7 称为行线,接内部发光二极管的阳极,每一行 8 个发光二极管的阳极都接在本行的行线上。相邻两行线间绝缘。垂直引出直线 X0、X1、⋯、X7 称为列线,接内部每列 8 个发光二极管的阴极,相邻两列线间绝缘。在这种结构形式的 LED 点阵模块中,如果在某行线上施加高电平(用"1"表示),在某列线上施加低电平(用"0"表示),则行线和列线的交叉点处的发光二极管就会有电流流过而发光。例如,Y0 为 1,X0 为 0,则左上角的发光二极管点亮;如果 Y0 为1,X0 到 X7 均为 0,则最上面一行 8 个发光二极管全点亮。图 4-3 列出了动态扫描显示数字 1 的动态扫描的过程。

图 4-3 中将行线、列线分别与一个字节数据的 8 位相对应,则 X 的每位对应 LED 点阵模块的 8 根列线 X7~X0,Y 的每位对应 LED 点阵模块的 8 根行线 Y7~Y0。我们将 X 称为列

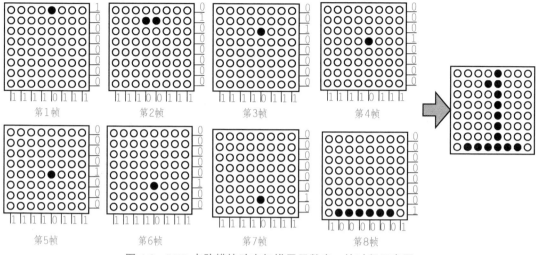

图 4-3　LED 点阵模块动态扫描显示数字 1 的过程示意图

数据线，其输出的是点阵要显示一行的内容（字模数据）；将 Y 称为行扫描线，行扫描线在每次只有一根线输出为"1"（选通一行）；通过同时输出的行、列数据就可以控制相应的行或列上相应的 LED 发光。例如动态扫描时先扫描输出第一帧（Y＝0x01，X＝0xef），然后输出第二帧（Y＝0x02，X＝0xe7），……，第八帧（Y＝0x10，X＝0x81），扫完八帧后再从第一帧开始，只要扫描的速度快，我们看到的数字 1 就是稳定显示的。实际应用中如果 LED 点阵显示屏是由多个 8×8 的 LED 点阵模块构成，则列线和行线的数量就很多，我们要根据模块的结构来决定行线或列线的扫描方式，此外，为了能够清晰地显示字符，必须在两帧之间加上合适的延时，在帧切换的时候要加入余辉消隐处理，避免出现尾影。

4.2.2　LED 点阵显示屏的使用

4.2.2.1　LED 点阵显示屏的硬件驱动电路

　　YL—236 实训考核装置中的 LED 点阵显示屏单元外形如图 4-4 的右边所示，该点阵显示屏是由上、下各 4 块 8×8 LED 点阵模块拼接而成。图 4-5 列出了该点阵显示屏的驱动部分电路，该驱动电路中，由 ROW0 和 ROW1 选通的锁存器 74AC573 输出的数据作为行扫描线，经 ULN2803 驱动 LED 点阵的行；由 COL0～COL3 选通的锁存器输出列数据，可见该硬件控制点阵显示屏显示的方式为并行的控制方式。该方式的优点是数据传输速度快，缺点是所需的控制线多。由于该硬件电路中的 ULN2803 驱动是加到行线上的，行线驱动能力强，所以一般采用从 ULN2803 输出扫描线的驱动方式编程。

　　由该显示模块的驱动电路原理图分析可以得出：该电路中的 DB0～DB7 为数据总线；ROW0、ROW1 为行锁存器选通信号，COL0～COL3 为列数据锁存器选通信号，选通信号在高电平期间，输入的数据能够到达输出端，在选通信号为低电平期间，输出的数据保持不受输入数据的影响。因为有了 ULN2803 的反相作用，所以在点阵中，点阵驱动输出行列数据都为高电平的 LED 点亮。

图4-4 YL—236点阵显示屏外形图

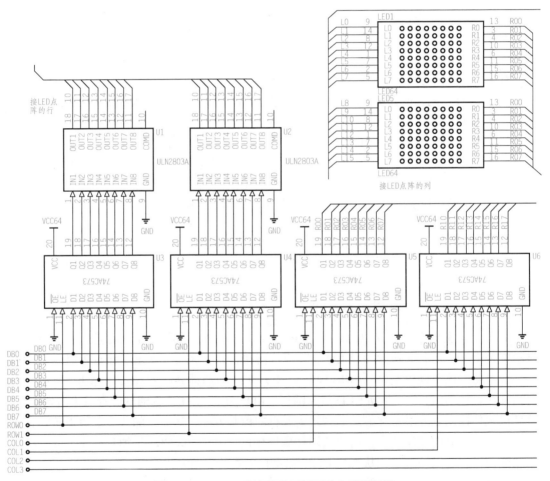

图4-5 YL—236中点阵显示屏驱动电路原理图

4.2.2.2 LED点阵显示屏应用的硬件电路原理图

YL—236实训考核装置中LED点阵显示屏应用的电路原理图如图4-6所示。该电路中只要将单片机的数据口接到驱动电路的数据输入端,将行线和列线的选通信号接到单片机相应的口线上(这边接在 P1 口上),这样在单片机程序的控制下,LED 点阵显示屏就能根据我们的要求显示所需要的内容了。

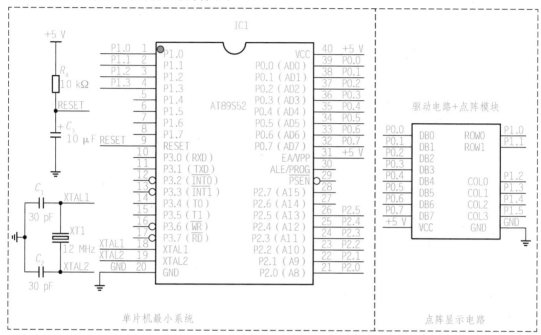

图 4-6　YL—236 中点阵显示屏应用电路原理图

4.2.2.3　LED 点阵显示屏的软件编程

针对该 LED 点阵显示屏硬件电路,使用单片机软件驱动一个字符显示的原理是:

(1)先取得该字符的第一行字模选通输出列数据,然后选通输出第一行显示的行扫描信号。

(2)取得字符的第二行字模选通输出列数据,然后选通输出第一行的列数据。

(3)消隐。

(4)修改扫描行和列数据,重复上述步骤,直到所有行结束。

4.2.3　字模软件取模的方法　▶▶▶

4.2.3.1　字符的字模

任一字符(汉字或数字符号)字模就是该字符的形态,也是该字符的点阵数据,它记录了组成一个字符的点在何处显示,在何处不显示。获得该字符的字模数据的过程称为取模。

4.2.3.2　取模软件 zimo221 取字符字模的方法

有了字符的字模就可以将该字符画出来。那么如何得到字符的字模呢?除了可以手动取字模之外，常用取模软件来获得字符的字模。

字符字模取模软件 zimo221 是个比较好用的点阵取模软件。其主要特点是：能够对任意大小、任意字体的文字、任意格式的图片取模；字模输出格式有汇编和 C 语言两种取模方式可选；能够横向或纵向取模；可字节倒序；用户可以自由调整字符的点阵到最佳状态；同时软件实现了很多自定义的功能，让用户拥有更多的选择权，界面使用了完全活动的窗口，可以自由调节。

下面我们介绍使用该软件的使用方法。

(1)启动取模软件 zimo221，使用鼠标双击 zimo221 软件图标 ，则打开该软件，显示该软件的主界面如图 4-7 所示。

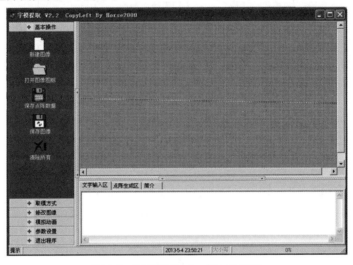

图 4-7　取模软件 zimo221 主界面

(2)配置取模参数。单击菜单左下侧的"参数配置"按钮，在该菜单下的"其他选项"图标上单击，弹出图 4-8 所示的"选项"配置对话框后，根据显示的方式设定取模的方法(本项目点阵显示屏字符是横向排列的，所以取模选纵向取模；由于点阵硬件电路列线数据低位在左、高位在右，所以选择字节倒序)后，按"确定"按钮保存。

图 4-8　取模软件取模方式设置界面

(3)配置取模字体。单击菜单左下侧的"参数配置"按钮,在该菜单下的"文字输入区字体选择"图标上单击,弹出图 4-9 所示的配置对话框后,根据要求选择对应的字体、字形和大小后按"确定"按钮保存。

图 4-9 取模软件字体设置界面

(4)输入字符。在文字输入区输入一个待取字模字符,如 1,然后按【Ctrl】+【Enter】组合键结束输入,其显示结果如图 4-10 所示。

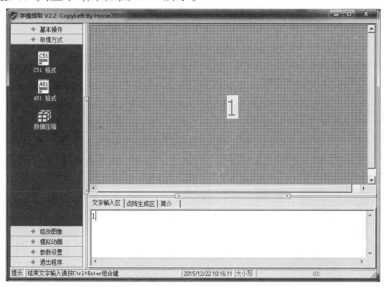

图 4-10 字符输入界面

(5)获取字模。字模输出格式有汇编和 C 语言两种,本书采用 C51 编程,所以使用 C51 格式。单击左侧的"取模方式"按钮,再单击"C51 格式"图标,即可在点阵生成区生成相应的字模。其取模结果如图 4-11 所示。

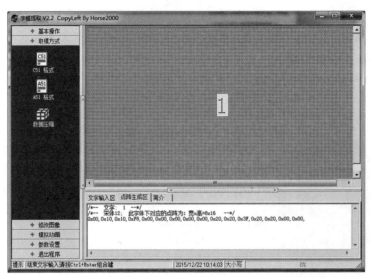

图 4-11 获取字模显示界面

如果软件自带字体的字模与我们所希望的字符的字模不一致，或者图形符号无法通过字体设置来取模，则可以软件图像功能来获得字符或图形的字模。下面以取图 4-11 中数字 1 的字模为例来说明使用该软件进行图像取模的方法。

①启动取模软件 zimo221。其操作方法与图 4-7 相同。

②新建图像。单击左边的"基本操作"按钮，在其下方的"新建图像"图标上单击，弹出新建图像的对话框，在对话框内输入新建图像的大小：数字 1 的点阵取 8×8 点阵，所以高度和宽度都设为 8，然后单击"确定"按钮完成空白图像建立。其操作如图 4-12 所示。

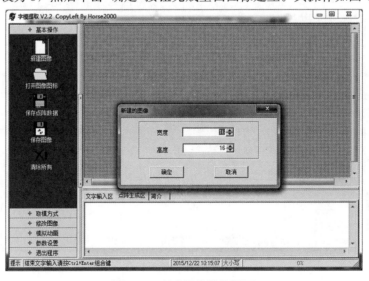

图 4-12 新建图像操作界面

③建立图像的字模并取模。根据上面数字 1 的字模形状，在图像的空白需要打点的位置处单击鼠标左键，如果发生错误只要在原来的地方单击就可以擦除，这样就可以完成数

字 1 的字模的建立。图像建立好后同上面的取模方式一样完成对新建图像的取模，其操作界面如图 4-13 所示。

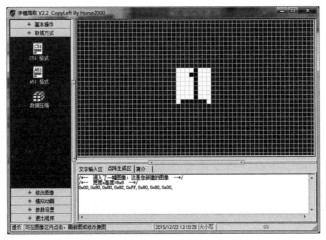

图 4-13　图像字模的建立与取模操作界面

在实际使用该取模软件时，还可以实现字节倒序等功能。如在提取矢量字库时，由于不同字体的差异导致的点阵区域偏差，用户可以自由调整到最佳状态。

4.2.4　单片机 C 语言知识

4.2.4.1　二维数组的定义

二维数组是包含两个下标标号的数组，也可以看出是以一维数据位数组元素构成的新的一维数组。

其定义的形式为：数据类型数组名【常量表达式 1】【常量表达式 2】

其中常量表达式 1 和常量表达式 2 定义了该二维数组的行数和列数，整个数组元素的个数为行数和列数的乘积。例如，定义一个二维数组 a 可以这样定义：int a[2][3]，该数组有 2 行和 3 列，共有 6 个元素。我们可以将该数组看作是由 $a[0]$ 和 $a[1]$ 两个元素构成，而 $a[0]$ 和 $a[1]$ 又分别由三个元素构成。

4.2.4.2　二维数组元素在内存中的存放方式

在 C++中，二维数组元素的数值在内存中的存放是按顺序存放的。如上例子中定义的二维整型数组 $a[2][3]$，则编译系统将为数组 a 分配内存，数组中各元素按照 $a[0][0]$，$a[0][1]$，$a[0][2]$，$a[0][3]$，$a[1][0]$，$a[1][1]$，$a[1][2]$，$a[1][3]$ 在内存中按先行后列依次存储。

C 语言中，在函数体中或在函数外部定义的一维数组名是一个地址常量，其值为数组第一个元素的地址。在本例二维数组中，$a[0]$、$a[1]$ 都是一维数组名，同样也代表一个不可变的地址变量，其值依次为二维数组每行第一个元素的地址。因此，二维数组 a 中第 i

行首地址(即第 i 行第 0 列元素地址)可用 $a[i]$ 表示,其首地址 $\&a$ 为 $[i][0]$,即可表示第 i 行元素的首地址。与一维数组类似,可用指针变量来访问二维数组元素。对于二维数组,像 $a[0]++$ 这样的表达式是非法的。

4.2.4.3 字符串

在 C 语言中,由零个或多个字符组成且通过双引号括起来的有限序列就叫字符串。如 "hello""欢迎""1234"等。需要注意的是字符串在内存中是由字符型数组来存储的,而且在存储的时候多加 $'\backslash 0'$ 表示字符串已经结束。例如,定义一个数组 char string[] = "abc",编译器会自动产生字符串结尾符 $'\backslash 0'$,因此它的实际长度是 4,即 string[4]。在使用函数查找字符串是否结束时,也是以 $'\backslash 0'$ 作为结束标志的。

在使用中要将字符串与字符常量区分开来,C 语言中一个字符常量代表 ASCII 字符集中的一个字符,在程序中用单引号把一个字符括起来作为字符常量。大小写字母代表不同的字符常量;字符常量只能包含一个字符,字符常量只能用单括号括起来。

4.3 项目操作训练

4.3.1 任务一 8×8 点阵模块显示数字

4.3.1.1 任务要求

使用 YL—236 单片机实训考核装置显示模块中的 LED 点阵显示屏单元最左上角的一个 8×8 点阵显示数字"1",显示效果如图 4-14 所示。

8×8 点阵模块显示
数字(项目实施)

图 4-14　点阵显示数字"1"

4.3.1.2 任务分析

从任务图形界面上分析可以得出:该任务只要求显示了一个数字,所以只要对该数字进行取模,然后按照点阵显示屏驱动字符显示的原理,动态扫描实现数字 1 的显示。本任务中需要注意的是数字 1 采用了 8×8 的点阵,直接设置字体无法获得与此大小一致的字模,必须使用建立图像的方法取得其字模。

4.3.1.3 硬件电路

用 YL—236 实训考核装置实现本任务要求的硬件模块接线图，如图 4-15 所示。

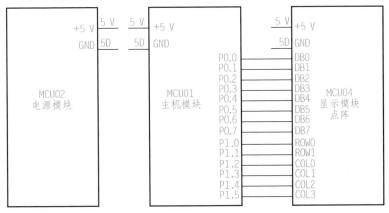

图 4-15 LED 点阵显示硬件模块接线图

该电路由单片机的最小系统与 LED 点阵显示模块的基本电路两部分组成，电源为这两部分电路提供电源，电路比较简单，在此不赘述。

4.3.1.4 任务程序的编写

8×8 点阵模块显示
数字（程序）

1. 主程序流程图

LED 点阵显示主程序流程图如图 4-16 所示。

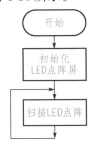

图 4-16 LED 点阵显示主程序流程图

2. 参考程序

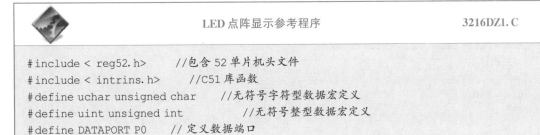

LED 点阵显示参考程序	3216DZ1.C

```
#include < reg52.h >      //包含 52 单片机头文件
#include < intrins.h >    //C51 库函数
#define uchar unsigned char    //无符号字符型数据宏定义
#define uint unsigned int        //无符号整型数据宏定义
#define DATAPORT P0    // 定义数据端口
```

133

```
/* * * * * * 点阵驱动端口定义 * * * * * * /
sbit ROW0= P1^0;                    //上面 8 根行扫描线选通信号 0
sbit ROW1= P1^1;                    //下面 8 根行扫描线选通信号 1
sbit COL0= P1^2;                    //第一位列数据选通信号 0
sbit COL1= P1^3;                    //第二位列数据选通信号 1
sbit COL2= P1^4;                    //第三位列数据选通信号 2
sbit COL3= P1^5;                    //第四位列数据选通信号 3
uchar code zm[]=                    //字模数组
{
/* - - 调入了一幅图像：这是您新建的图像  - - * /
/* - - 宽度 * 高度= 8 * 8  - - * /
0x10, 0x18, 0x10, 0x10, 0x10, 0x10, 0x10, 0x7E,
};
/* * * * * * 函数声明 * * * * * * /
void delay(uint us);                //短延时函数声明
void disp_ dz(void);               //写数据
/* * * * * * 短延时函数 * * * * * * /
void delay(uint us)
{while(- - us);}    //μs 级延时
/* * * * * * 点阵显示扫描函数 * * * * * * /
void disp_ 8x8dz(void)
{
uchar i, row= 0x01;         //循环变量 i 和行扫描变量
for(i= 0; i< 8; i++ )        //8 行扫描循环
  {
  DATAPORT= zm[i];          //第一个字模的数据
  COL0= 1; COL0= 0;         //字模数据输出选通
  DATAPORT= row;            //点阵扫描线的数据
  ROW0= 1; ROW0= 0;         //扫描线输出选通
  delay(20);                //短延时
  DATAPORT= 0;              //输出消隐数据
  COL0= ROW0= 1;            //消隐选通
  COL0= ROW0= 0;            //消隐关闭
  row= _ crol_ (row, 1);    //修改行扫描变量
  }
}


/* * * * * * * 主函数 * * * * * * * /
void main(void)
{
  DATAPORT= 0;       //初始化关闭点阵显示
  ROW0= ROW1= COL0= COL1= COL2= COL3= 1;
  ROW0= ROW1= COL0= COL1= COL2= COL3= 0;
  while(1)
{
  disp_ 8x8dz ();                    // 调用点阵显示函数
}
}
```

3. 程序说明

该程序的核心是显示子函数，程序主要根据点阵大小不同取了对应的字符的字模数组，编写了显示不同点阵大小的字符的显示函数，主函数初始化后根据显示位置的要求依次显示第1行、第2行字符。

4.3.1.5 任务实施步骤

（1）硬件电路连接：按照图 4-15 所示的硬件电路接线图，选择所需的模块并进行布局，然后将电源模块、主机模块和显示模块 LED 点阵用导线进行连接。

（2）打开 MedWin 软件，通过执行菜单"项目管理"→"新建项目"命令，新建立一个工程项目 3216DZ1，然后再建一个文件名为 3216DZ1.C 的源程序文件，将上面的参考程序输入并保存，同时将该文件添加到项目中。需要注意的是：数字 1 的字模需要用取模软件建立图像得出，这里不再详细说明。

（3）对源程序进行编译和链接，如果有错误则必须修改错误，直到编译成功，设置生成目标代码。

（4）将目标代码通过编程器写入到单片机中。

（5）接通电源，让单片机运行，观察点阵的显示是否正常。

（6）正常后进行扎线，整理。

4.3.1.6 任务评价

任务完成后要填写任务评价表，见表 4-1。

表 4-1 任务一完成情况评价表

任务名称				评价时间		年 月 日	
小组名称			小组成员				
评价内容	评价要求	权重	评价标准	学生自评得分	小组评价得分	教师评价得分	合计
职业与安全意识	（1）工具摆放、操作符合安全操作规程； （2）遵守纪律，爱惜设备和器材，工位整洁； （3）具有团队协作精神	10%	好(10) 较好(8) 一般(6) 差(<6)				
模块的布局和布线工艺	（1）模块布局合理，模块的选择应符合要求； （2）根据需要选择不同颜色的导线进行连接，导线连接应可靠，走线合理，扎线整齐、美观	15%	好(15) 较好(12) 一般(9) 差(<9)				
任务功能测试	（1）编写的程序能成功编译； （2）程序能正确烧写到芯片中； （3）能按任务要求使用 LED 点阵显示屏实现数字 1 的显示功能	60%	好(60) 较好(45) 一般(30) 差(<30)				

续表

评价内容	评价要求	权重	评价标准	学生自评得分	小组评价得分	教师评价得分	合计
问题与思考	(1)说明如何对数字1进行取模的； (2)如何进行列扫描的方法编写程序？ (3)总结根据 LED 点阵显示屏编写显示函数的主要内容和步骤	15%	好(15) 较好(12) 一般(9) 差(<6)				
教师签名			学生签名			总分	
任务评价＝学生自评(0.2)＋小组评价(0.3)＋教师评价(0.5)							

4.3.2 任务二 LED 点阵显示屏显示汉字

4.3.2.1 任务要求

使用 YL—236 单片机实训考核装置显示模块中的 LED 点阵显示屏单元显示的两个汉字"欢迎"，显示效果如图 4-17 所示。

LED 点阵显示屏显示
汉字（项目实施）

图 4-17　液晶显示汉字和数字的界面

4.3.2.2 任务分析

要实现该任务，主要考虑以下几个方面的内容：

(1)汉字点阵的大小。由图 4-17 可见一个汉字点阵大小为 16×16，所以显示一个 16×16 点阵的汉字需要 4 个 8×8 的点阵模块，本考核装置上的点阵显示屏只能显示两个汉字。

(2)汉字点阵的字模。要显示两个汉字，所以汉字的字模数组中必须是两个字符的字模。考虑还有可能要放入更多的字符，为了取用字模方便，所以字模数组使用二维数组，一个汉字的点阵字模为 32 个字节。

(3)扫描方式。由于要求 8 个 8×8 点阵全部显示，一种是对每个点阵进行单独扫描的方式，另外一种是将该点阵显示屏看成一个整体进行扫描的方式。单独扫描的方式分别扫描 8 个点阵，这样显示 8 个点阵需要扫描 64 次，这种控制的显示方式程序效率不高，可能会造成点阵字符的闪烁问题。整体扫描方式采用纵向扫描，水平扫描只要 16 次，每次扫描列送出字模数组中的 4 个字节，每个数据对应 1 个 8×8 的点阵。在使用取模软件对"欢迎"这两个汉字取模时，根据扫描的方式，所以在参数设置里取模方式选择横向取模、字节倒序，字体大小选宋体、12 号，这样得出的点阵字模的大小为 16×16 点阵。

(4)显示缓冲区。为了实现模块化编程，设置显示缓冲区。将要显示的内容放入显示缓冲区，显示函数只负责从显示缓冲区中取数值进行显示，显示的内容由其他程序完成。

4.3.2.3 硬件电路

用 YL—236 实训考核装置实现本任务要求的硬件模块接线图与任务一相同，如图 4-15 所示，这里不再重复。

LED 点阵显示屏显示汉字（程序）

4.3.2.4 任务程序的编写

 **1. 主程序流程图**

主程序的流程图也同任务一相同，如图 4-16 所示。

 **2. 参考程序**

	点阵显示汉字参考程序	3216DZ2.C

```
#include < reg52.h>              //包含 52 单片机头文件
#include < intrins.h>            //C51 库函数
#define uchar unsigned char      //无符号字符型数据宏定义
#define uint unsigned int        //无符号整型数据宏定义
#define DATAPORT P0              //定义数据端口
/* * * * * * 点阵驱动端口定义 * * * * * * * /
sbit ROW0= P1^0;        //上面 8 根行扫描线选通信号 0
sbit ROW1= P1^1;        //下面 8 根行扫描线选通信号 1
sbit COL0= P1^2;        //第一位列数据选通信号 0
sbit COL1= P1^3;        //第二位列数据选通信号 1
sbit COL2= P1^4;        //第三位列数据选通信号 2
sbit COL3= P1^5;        //第四位列数据选通信号 3
uchar i;        //循环变量 i
uchar dzbuf[2]=         //显示缓冲区
{
  0, 1
};
uchar code zm[][32]=            //字模二维数组[行数][列数]
{
/* - - 文字：  欢  - - * /
/* - - 宋体 12；  此字体下对应的点阵为：宽 * 高 = 16 * 16  - - * /
0x00, 0x01, 0x00, 0x01, 0x3F, 0x01, 0xA0, 0x7F, 0xA1, 0x20, 0x52, 0x12,
0x14, 0x02, 0x08, 0x02, 0x18, 0x02, 0x18, 0x06, 0x24, 0x05, 0x24, 0x09,
0x82, 0x18, 0x61, 0x70, 0x1C, 0x20, 0x00, 0x00,
/* - - 文字：  迎  - - * /
```

```
/* - - 宋体 12;   此字体下对应的点阵为: 宽 * 高 = 16 * 16   - - * /
0x02, 0x00, 0x84, 0x01, 0x6C, 0x3E, 0x24, 0x22, 0x20, 0x22, 0x20, 0x22,
0x27, 0x22, 0x24, 0x22, 0xA4, 0x22, 0x64, 0x2A, 0x24, 0x12, 0x04, 0x02,
0x04, 0x02, 0x0A, 0x00, 0xF1, 0x7F, 0x00, 0x00,
};
/* * * * * * 函数声明 * * * * * /
void delay(uint us);     //短延时函数声明
void disp_ 3216dz(void);   //写数据
/* * * * * * 短延时函数 * * * * * /
void delay(uint us)    //μs 级延时
{
  while(- - us);
}
/* * * * * * 点阵显示扫描函数 * * * * * /
void disp_ 3216dz(void)
{
    DATAPORT= 0;     //输出消隐数据
    COL0= COL1= COL2= COL3= ROW0= ROW1= 1;    //消隐选通
    COL0= COL1= COL2= COL3= ROW0= ROW1= 0;    //消隐关闭
    DATAPORT= zm[dzbuf[0]][2 * i];    //第一个字模的数据
        COL0= 1;
    COL0= 0;    //字模数据输出选通
    DATAPORT= zm[dzbuf[0]][2 * i+ 1];    //第一个字模的数据
    COL1= 1;
    COL1= 0;    //字模数据输出选通
    DATAPORT= zm[dzbuf[1]][2 * i];    //第二个字模的数据
    COL2= 1;
    COL2= 0;    //字模数据输出选通
    DATAPORT= zm[dzbuf[1]][2 * i+ 1];    //第二个字模的数据
    COL3= 1;
    COL3= 0;    //字模数据输出选通
    if(i< 8)
    {
      DATAPORT= 1< < i;    //点阵扫描线的数据
      ROW0= 1;
      ROW0= 0;    //扫描线输出选通
    }
    else
    {
      DATAPORT= 1< < (i- 8);    //点阵扫描线的数据
      ROW1= 1;
      ROW1= 0;    //扫描线输出选通
    }
    delay(10);    //短延时
    i++ ;    //修改循环变量
```

```
    i&= 0x0f;        //限制循环变量的值
    DATAPORT= 0xff;        //拉高数据
}
/* * * * * * * 主函数 * * * * * * * /
void main(void)
{
    DATAPORT= 0;        //初始化关闭点阵显示
    ROW0= ROW1= COL0= COL1= COL2= COL3= 1;        //产生选通信号
    ROW0= ROW1= COL0= COL1= COL2= COL3= 0;        //关闭选通信号
    while(1)                    //死循环
    {
      disp_ 3216dz();        // 调用点阵显示函数
    }
}
```

3. 程序说明

（1）程序设置了两个字符的显示缓冲区 dzbuf[2]，缓冲区的内容为显示内容在字模的二维数组中的排列次序。

（2）字模数组 zm[][32] 为二维的字模数组，数组中行号与字模在数组中的位置相对应，列号为 32。例如：zm[1][32] 就是取第二个（数组元素从 0 开始）汉字"迎"的字模数据，其字模数据共 32 个字节。

（3）根据扫描的原理，显示函数 disp_3216dz() 每执行一次，输出一行的行扫描信号，输出 4 个点阵模块的一行数据，即能显示 4 个模块的一行数据。所以要显示两个完整的汉字至少需要执行 16 次，这种编程方法有利于单片机有更多的时间去处理其他重要的任务，而该显示函数定时扫描即可，所以往往将该函数用定时器来定时执行，同时省略程序中的短延时函数。

（4）程序中设置了循环变量 i，i 的最大取值范围为 16，所以在显示函数中将该变量与 0x0F 相与来限制最大的数值。

4.3.2.5 任务实施步骤

（1）硬件电路连接。按照图 4-15 所示的硬件电路接线图，选择所需的模块并进行布局，然后将电源模块、主机模块和 LED 点阵显示屏单元用导线进行连接。

（2）打开 MedWin 软件，通过菜单"项目管理"→"新建项目"命令，新建立一个工程项目 3216DZ2，然后再建一个文件名为 3216DZ2.C 的源程序文件，将上面的参考程序输入并保存，同时将该文件添加到项目中。

（3）对源程序进行编译和链接，如果有错误则必须修改错误，直到编译成功，设置生成目标代码。

（4）将目标代码通过编程器写入到单片机中。

（5）接通电源，让单片机运行，观察点阵的显示是否正常。

（6）正常后进行扎线，整理。

4.3.2.6 任务评价

任务完成后要填写任务评价表,见表 4-2。

表 4-2 任务二完成情况评价表

任务名称				评价时间		年　　月　　日	
小组名称			小组成员				
评价内容	评价要求	权重	评价标准	学生自评得分	小组评价得分	教师评价得分	合计
职业与安全意识	(1)工具摆放、操作符合安全操作规程; (2)遵守纪律,爱惜设备和器材,工位整洁; (3)具有团队协作精神	10%	好(10) 较好(8) 一般(6) 差(<6)				
模块的布局和布线工艺	(1)模块布局合理,模块的选择应符合要求; (2)根据需要选择不同颜色的导线进行连接,导线连接应可靠,走线合理,扎线整齐、美观	15%	好(15) 较好(12) 一般(9) 差(<9)				
任务功能测试	(1)编写的程序能成功编译; (2)程序能正确烧写到芯片中; (3)能按任务要求使用 LED 点阵显示屏实现两个汉字的正确显示	60%	好(60) 较好(45) 一般(30) 差(<30)				
问题与思考	(1)说明汉字的字模是如何取模的; (2)汉字字模在排列上有什么特点; (3)使用其他方法编写程序实现 LED 点阵显示屏显示两个汉字	15%	好(15) 较好(12) 一般(9) 差(<6)				
教师签名			学生签名			总分	
任务评价=学生自评(0.2)+小组评价(0.3)+教师评价(0.5)							

4.3.3 任务三 LED 点阵显示屏移位显示数字 ▶▶▶

4.3.3.1 任务要求

使用 YL—236 单片机实训考核装置显示模块中的 LED 点阵显示屏单元,上电后点阵显示屏向左移位循环显示"123456780",其中数字的点阵大小为 8×16,显示效果如图4-18所示。

LED 点阵显示屏位移显示数字(项目实施)

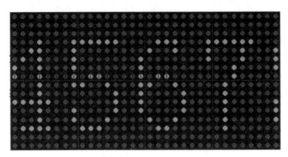

图 4-18　液晶显示图形界面

4.3.3.2　任务分析

该任务与任务二相同的是点阵显示要用到所有点阵模块，不同的是显示的内容为数字，而且要实现数字向左移动的功能。要实现该任务，主要考虑以下几个方面的内容：

（1）数字的字模。由任务要求可以知道数字的点阵大小为 8×16，所以对数字取字模时字体字号为宋体、12 号，一个数字的字模为 16 个字节，字模的二维数组为列数，取 16 列。

（2）数字的静态显示。数字的显示还是根据硬件的特点采用纵向扫描，因为要考虑任务中字符的移动，所以考虑一次扫描 16 行，每扫描一行需要送出 4 个字节（4 个数字）列数据。

（3）显示缓冲区。同样设置显示缓冲区，显示缓冲区大小为 5 个字符，显示缓冲区存放要显示的字符，其中多出一个主要是考虑移位的需要。

（4）移位的实现。移位主要是利用显示缓冲区，一方面将显示缓冲区刷新，填入要显示的字符（即显示缓冲区中的内容是随着字符左移而左移），另一方面要在显示函数中进行字模数据的移位。字模数据的移位关键表达式如下所示：

$$\mathrm{DATAPORT}=zm[dzbuf[0]][i]>>(mc)\,|\,zm[dzbuf[1]][i]<<(8-mc)$$

式中，DATAPORT 是要送出的字模列数据，它是由数据缓冲区中的数据组合而成，而且动态变化；mc 为位移的计数值。表达式中"$zm[dzbuf[0]][i]>>mc$"实现将缓冲区 0 中字符的字模右移 mc 位，"$zm[dzbuf[1]][i]<<(8-mc)$"实现将后一个缓冲区 1 中字符的字模数据左移 $8-mc$ 位，将二者相或后生成新的移位需要数据，不管移位次数如何，送显示的数据都是由字符串中相邻两个字符分别取高低部分组合而成。所有的字符移动一个字节后需要重新移动显示缓冲区的内容。所以要实现字符的移动显示，必须要计算相邻字符和移位次数，由此计算出送显示的字模数据。

4.3.3.3　硬件电路

用 YL—236 实训考核装置实现本任务要求的硬件模块接线图与任务一相同，如图 4-15 所示，这里不再重复。

4.3.3.4　任务程序的编写

1. 主程序流程图

LED 点阵显示主程序流程图如图 4-19 所示。

LED 点阵显示屏位移
显示数字（程序）

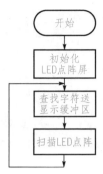

图 4-19　LED 点阵显示主程序流程图

2. 参考程序

LED 点阵显示参考程序	3216DZ3. C

```c
#include < reg52.h>                    //包含 52 单片机头文件
#include < intrins.h>                  //C51 库函数
#include < string.h>                   //strlen()函数的头文件
#define uchar unsigned char           //无符号字符型数据宏定义
#define uint unsigned int             //无符号整型数据宏定义
#define DATAPORT P0                   //定义数据端口
/* * * * * * 点阵驱动端口定义* * * * * * /
sbit ROW0= P1^0;        //上面 8 根行扫描线选通信号 0
sbit ROW1= P1^1;        //下面 8 根行扫描线选通信号 1
sbit COL0= P1^2;        //第一位列数据选通信号 0
sbit COL1= P1^3;        //第二位列数据选通信号 1
sbit COL2= P1^4;        //第三位列数据选通信号 2
sbit COL3= P1^5;        //第四位列数据选通信号 3
uint   count= 0;        //位移总次数
uchar len;        //字符串长度变量
uchar dzbuf[5]=        //显示缓冲区 5 个
{
  0, 1, 2, 3, 4
};
uchar code xszm[]= "123456780";        //要显示的内容
uchar code szindex[]=        //字模数组索引
{
  "0123456789"
};
uchar code zm[][16]=                     //字模二维数组[行数][列数]
{
/* - - 文字:  0 - - * /
/* - - 宋体 12;   此字体下对应的点阵为:宽 * 高= 8 * 16   - - * /
0x00, 0x00, 0x00, 0x18, 0x24, 0x42, 0x42, 0x42,
0x42, 0x42, 0x42, 0x42, 0x24, 0x18, 0x00, 0x00,
/* - - 文字:  1 - - * /
```

```
/* - - 宋体 12;    此字体下对应的点阵为：宽 * 高 = 8 * 16   - - * /
0x00, 0x00, 0x00, 0x08, 0x0E, 0x08, 0x08, 0x08,
0x08, 0x08, 0x08, 0x08, 0x08, 0x3E, 0x00, 0x00,
/* - - 文字：  2  - - * /
/* - - 宋体 12;    此字体下对应的点阵为：宽 * 高 = 8 * 16   - - * /
0x00, 0x00, 0x00, 0x3C, 0x42, 0x42, 0x42, 0x20,
0x20, 0x10, 0x08, 0x04, 0x42, 0x7E, 0x00, 0x00,
/* - - 文字：  3  - - * /
/* - - 宋体 12;    此字体下对应的点阵为：宽 * 高 = 8 * 16   - - * /
0x00, 0x00, 0x00, 0x3C, 0x42, 0x42, 0x20, 0x18,
0x20, 0x40, 0x40, 0x42, 0x22, 0x1C, 0x00, 0x00,
/* - - 文字：  4  - - * /
/* - - 宋体 12;    此字体下对应的点阵为：宽 * 高 = 8 * 16   - - * /
0x00, 0x00, 0x00, 0x20, 0x30, 0x28, 0x24, 0x24,
0x22, 0x22, 0x7E, 0x20, 0x20, 0x78, 0x00, 0x00,
/* - - 文字：  5  - - * /
/* - - 宋体 12;    此字体下对应的点阵为：宽 * 高 = 8 * 16   - - * /
0x00, 0x00, 0x00, 0x7E, 0x02, 0x02, 0x02, 0x1A,
0x26, 0x40, 0x40, 0x42, 0x22, 0x1C, 0x00, 0x00,
/* - - 文字：  6  - - * /
/* - - 宋体 12;    此字体下对应的点阵为：宽 * 高 = 8 * 16   - - * /
0x00, 0x00, 0x00, 0x38, 0x24, 0x02, 0x02, 0x1A,
0x26, 0x42, 0x42, 0x42, 0x24, 0x18, 0x00, 0x00,
/* - - 文字：  7  - - * /
/* - - 宋体 12;    此字体下对应的点阵为：宽 * 高 = 8 * 16   - - * /
0x00, 0x00, 0x00, 0x7E, 0x22, 0x22, 0x10, 0x10,
0x08, 0x08, 0x08, 0x08, 0x08, 0x08, 0x00, 0x00,
/* - - 文字：  8  - - * /
/* - - 宋体 12;    此字体下对应的点阵为：宽 * 高 = 8 * 16   - - * /
0x00, 0x00, 0x00, 0x3C, 0x42, 0x42, 0x42, 0x24,
0x18, 0x24, 0x42, 0x42, 0x42, 0x3C, 0x00, 0x00,
/* - - 文字：  9  - - * /
/* - - 宋体 12;    此字体下对应的点阵为：宽 * 高 = 8 * 16   - - * /
0x00, 0x00, 0x00, 0x18, 0x24, 0x42, 0x42, 0x42,
0x64, 0x58, 0x40, 0x40, 0x24, 0x1C, 0x00, 0x00,
};
/* * * * * * 函数声明 * * * * * * /
void delay(uint us);      //短延时函数声明
void get_ char(uchar *s);      //显示缓冲区送数据函数声明
void disp_ 3216dz(void);      //点阵显示函数声明
/* * * * * * 短延时函数 * * * * * * /
void delay(uint us)
{
while(- - us);     //μs 级延时
}
```

```c
/* * * * * * 查找字符串位置送显示缓冲区函数* * * * * * /
void get_ char(uchar *s)
{
    uchar i, n;      //i 为循环变量，n 为位置循环变量
    uchar j= count/8;      //j 为第一个字符位置变量
    len= strlen(s); //计算字符串的长度
    for(n= 0; n< 5; n++ )                    //显示缓冲区填 5 个数据
    {
        for(i= 0; szindex[i]! = 0; i++ )         //判断字符串是否结束
        {
            if(szindex[i]= = s[j])               //判断索引位置字符和显示字符是否相同
            {
                dzbuf[n]= i;      //保存字符位置到显示缓冲区
            }
        }
        j= (j+ 1)% len;      //修改字符位置
    }
}
/* * * * * * 点阵显示扫描函数* * * * * * /
void disp_ 3216dz()
{
    uchar i;      //行扫描变量
    uchar mc= count%8;      //位移次数
    uint  row= 0x0001;      //row 扫描行变量
    for(i= 0; i< 16; i++ )
    {
        DATAPORT= 0;      //输出消隐数据
        COL0= COL1= COL2= COL3= ROW0= ROW1= 1;      //消隐选通
        COL0= COL1= COL2= COL3= ROW0= ROW1= 0;      //消隐关闭
        DATAPORT= (zm[dzbuf[0]][i]> > mc)| (zm[dzbuf[1]][i]< < (8- mc));      //第一个字模的数据
        COL0= 1;
        COL0= 0;      //字模数据输出选通
        DATAPORT= (zm[dzbuf[1]][i]> > mc)| (zm[dzbuf[2]][i]< < (8- mc));      //第一个字模的数据
        COL1= 1;
        COL1= 0;      //字模数据输出选通
        DATAPORT= (zm[dzbuf[2]][i]> > mc)| (zm[dzbuf[3]][i]< < (8- mc));      //第二个字模的数据
        COL2= 1;
        COL2= 0;      //字模数据输出选通
        DATAPORT= (zm[dzbuf[3]][i]> > mc)| (zm[dzbuf[4]][i]< < (8- mc));      //第二个字模的数据
        COL3= 1;
        COL3= 0;      //字模数据输出选通
```

```
        DATAPORT= row% 256;        //点阵扫描上屏
        ROW0= 1;
        ROW0= 0;        //扫描线输出选通
        DATAPORT= row/256;        //点阵扫描下屏
        ROW1= 1;
        ROW1= 0;        //扫描线输出选通
        delay(20);        //短延时
        row= _ irol_ (row, 1);        //改变行扫描线
    }
    DATAPORT= 0xff;        //拉高数据
}
/* * * * * * * 主函数 * * * * * * * /
void main(void)
{
    uchar i;        //循环变量
    DATAPORT= 0;        //初始化关闭点阵显示
    ROW0= ROW1= COL0= COL1= COL2= COL3= 1;        //产生选通信号
    ROW0= ROW1= COL0= COL1= COL2= COL3= 0;        //关闭选通信号
    while(1)        //死循环
    {
        get_ char(xszm);        //获取显示字符的字模位置
        for(i= 0; i< 20; i++ )disp_ 3216dz();        // 调用点阵显示函数
        count= (count+ 1)% (8 * len);
    }
}
```

3. 程序说明

(1)程序中设立了数字字符的字模索引数组 szindex[]，该数组的内容就是对应的数字字模在二维数组中的行编号。函数通过搜索索引来查找对应的字符的字模并返回其编号，这样定位字符的字模不仅不易出错，而且函数的通用性强、调用方便。这种方法也适用于对汉字等字符的搜索。

(2)查找字符串并送显示缓冲区子函数 get_ char()中，调用 C51 库函数 strlen()来计算要显示的字符串的长度。字符上加入引号表示是它一个字符串，字符串使用"szindex[i]! =0"来判断字符串是否搜索到最后。循环中使用"j=(j+1)%len"是为了当字符递增到最后一个字符后能够返回第一个字符。

(3)变量 count 的值决定了要显示字符串的位置，其递增的速度决定了字符移动的速度。

4.3.3.5 任务实施步骤

(1)硬件电路连接。按照图 4-15 所示的硬件电路接线图，选择所需的模块并进行布局，然后将电源模块、主机模块和 LED 点阵显示模块用导线进行连接。

(2)打开 MedWin 软件，通过菜单"项目管理"→"新建项目"命令，新建立一个工程项

145

目 3216DZ3，然后再建一个文件名为 3216DZ3.C 的源程序文件，将上面的参考程序输入并保存，同时将该文件添加到项目中。

（3）对源程序进行编译和链接，如果有错误则必须修改错误，直到编译成功，设置生成目标代码。

（4）将目标代码通过编程器写入到单片机中。

（5）接通电源，让单片机运行，观察点阵的显示是否正常。

（6）正常后进行扎线，整理。

4.3.3.6 任务评价

任务完成后要填写任务评价表，见表 4-3。

表 4-3 任务三完成情况评价表

任务名称			评价时间		年 月 日		
小组名称		小组成员					
评价内容	评价要求	权重	评价标准	学生自评得分	小组评价得分	教师评价得分	合计
职业与安全意识	（1）工具摆放、操作符合安全操作规程； （2）遵守纪律，爱惜设备和器材，工位整洁； （3）具有团队协作精神	10%	好(10) 较好(8) 一般(6) 差(<6)				
模块的布局和布线工艺	（1）模块布局合理，模块的选择应符合要求； （2）根据需要选择不同颜色的导线进行连接，导线连接应可靠，走线合理，扎线整齐、美观	15%	好(15) 较好(12) 一般(9) 差(<9)				
任务功能测试	（1）编写的程序能成功编译； （2）程序能正确烧写到芯片中； （3）能按任务要求使用 LED 点阵显示屏实现数字的正确显示和左移功能	60%	好(60) 较好(45) 一般(30) 差(<30)				
问题与思考	（1）比较数字字模和汉字字模结构有何区别； （2）说明查找字符串字模位置的编程方法； （3）说明实现字符移动的数据处理方法	15%	好(15) 较好(12) 一般(9) 差(<6)				
教师签名		学生签名			总分		
任务评价＝学生自评(0.2)＋小组评价(0.3)＋教师评价(0.5)							

4.4 知识拓展

4.4.1 LED 电子显示屏的分类

4.4.1 LED 电子显示屏的分类

LED 点阵显示屏应用广泛，种类很多。

(1)按显示的颜色分类：有单基色显示屏(显示单一的红色或绿色)、双基色显示屏(红和绿双基色)和全彩色显示屏(红、绿、蓝三基色)。

(2)按使用环境分类：有室内屏和室外屏。

(3)按显示性能分类：有文本 LED 显示屏、图文 LED 显示屏、计算机视频 LED 显示屏、电视视频 LED 显示屏和行情 LED 显示屏等。

本项目中所使用的 LED 点阵显示屏是属于单色屏。

4.4.2 LED 显示屏控制技术状况

一个完整的 LED 显示屏控制系统包括接口电路、信号控制、转换和数字化处理电路及电源电路等几个方面，涉及的具体技术很多，其关键技术包括串行传输与并行传输技术、动态扫描与静态锁存技术、自动检测及远程控制技术等。

1. 串行传输与并行传输技术

LED 显示屏的数据传输方式主要有串行和并行两种。本项目中的数据传输采用的是并行的传输方式，当要显示较多的内容时，普遍采用串行控制技术。串行控制的 LED 显示屏中，每个单元的驱动电路级联，每个时钟仅传送一位数据。采用这种方式的驱动使得不同显示单元之间的连线较少，可减少显示单元的数据传输驱动元件，从而提高整个系统的可靠性和性价比，具体工程实现也较为容易。

2. 动态扫描与静态锁存技术

LED 显示屏控制系统实现显示信息的刷新技术有动态扫描和静态锁存两种方式。一般室内显示屏多采用动态扫描技术，即一行发光二极管共用一行驱动寄存器，根据共用一行驱动寄存器的发光二极管像素数目，分为 1/4、1/16 扫描等。室外显示屏基本上采用静态锁存技术，即每一个 LED 都对应有一个驱动寄存器，无须时分工作，从而保证了每一个 LED 的亮度占空比为 100%。动态扫描法可以大大减少控制器的 I/O 口，因此应用较广。

3. 自动检测及远程控制技术

LED 显示屏的构成复杂，特别是室外显示屏，供电、环境亮度、环境温度条件等都直接影响显示屏的正常运行。在 LED 显示屏的控制系统中，因根据需要对温度、亮度、电源等进行自动检测控制，也可根据需要，远程实现对显示屏的亮度、色度调节、图像水平和垂直位置的调节以及工作方式的转换等。

4.5　思考与练习

1. 说明 LED 点阵模块的内部结构。
2. 说明如何对二维数组 num[2][3] 中各元素赋值。
3. 使用取模软件对字符"ABCDEF"取模，字模大小为 8×16。
4. 试编写使本项目中的 LED 屏上、下半屏分别显示数字和字符的程序。
5. 试编写能使本 LED 屏同时实现汉字和数字的程序。

12864 液晶万年历的制作

5.1　项目介绍

21 世纪的今天，最具代表性的计时产品就是电子万年历，它是近代世界钟表业界的第三次革命。第一次是摆和摆轮游丝的发明，相对稳定的机械振荡频率源使钟表的走时差从分级缩小到秒级，代表性的产品就是带有摆或摆轮游丝的机械钟或表。第二次革命是石英晶体振荡器的应用，发明了走时精度更高的石英电子钟表，使钟表的走时月差从分级缩小到秒级。第三次革命就是单片机数码计时技术的应用（电子万年历），使计时产品的走时日差从分级缩小到 1/600 万秒，从原有传统指针计时的方式发展为人们日常更为熟悉的夜光数字显示方式，直观明了，并增加了全自动日期、星期、温度以及其他日常附属信息的显示功能，它更符合消费者的生活需求，在实际生活中有着广泛的应用。图 5-1 所示为生活中常见的万年历。

YL—236 实训平台中配备的显示模块 MCU04，其中 12864 液晶能显示出数字、字符和图形等内容，利用其特点完成万年历的制作。

图 5-1　生活中常见的万年历

5.2　项目知识

5.2.1　12864 液晶模块介绍 ▶▶▶▶

5.2.1.1　内部结构

LCD12864 是一块点阵图形显示器，外形如图 5-2 所示。由 128（列）×64（行）点组成，常见的 LCD12864 模块，有带字库和不带字库之分，YL—236 设备使用的是不带字库的 LCD12864，字库需利用字模软件提取，获取方式为 C51 格式、纵向取模、字节倒序（软件为 YL—236 光盘提供的字模软件）。其内部控制结构如图 5-3 所示。

图 5-2 LCD12864 实物图

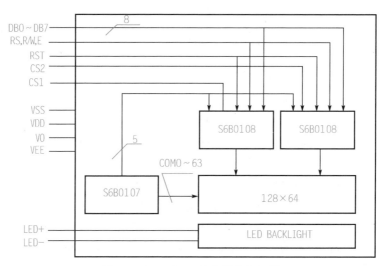

图 5-3 LCD12864 的内部结构框图

该模块的控制板上带有图形 LCD 必需的对比度调节电路（V0）和背光板调节电路（LED＋、LED－）。它与单片机的连接采用 8 位并行接口及 20 个引脚连接器，各个引脚名称和功能如表 5-1 所示。

表 5-1 12864 液晶接口信号说明

编 号	符 号	引脚说明	编 号	符 号	引脚说明
1	VSS	电源地	11	D4	数据口
2	VDD	电源正极	12	D5	数据口
3	V0	液晶显示对比度调节端	13	D6	数据口
4	RS	数据/命令选择端（H/L）	14	D7	数据口
5	R/W	读写选择端（H/L）	15	CS1	左半屏选择，高电平有效
6	E	使能信号	16	CS2	右半屏选择，高电平有效
7	D0	数据口	17	RST	复位，低电平有效
8	D1	数据口	18	VEE	内部提供的液晶驱动电压
9	D2	数据口	19	LED＋	背光电源正极
10	D3	数据口	20	LED－	背光电源负极

5.2.1.2 LCD12864 控制指令

1. LCD12864 基本控制指令

LCD12864 基本控制指令，如表 5-2 所示。

表 5-2 LCD12864 指令说明

命令	RS	R/W	DB7	DB6	DB5	DB4	DB3	DB2	DB1	DB0	功能
开关提示	L	L	L	L	H	H	H	H	H	L/H	控制显示开或关，内部状态及显示静态数据无效。 L：关；　H：开
设置 Y 地址	L	L	L	H	Y 地址(0~63)						正 Y 地址计数器中设置 Y 值
设置 X 地址	L	L	H	L	H	H	H	页(0~7)			在 X 寄存器中设置 X 的值
显示开始线 （Z 地址）	L	L	H	H	显示开始线(0~63)						在显示屏幕上层显示数据静态寄存器中的图征
读取状态	L	H	忙	L	开/关	复位	L	L	L	L	读取状态： 忙　L：准备 　　H：在运行中 开/关 L：显示开 　　H：显示关 复检 L：正常 　　H：复位
写入显示数据	H	L	写数据								写数据到显示数据静态寄存器。在写指令后，Y 地址自动加 1
读取显示数据	H	H	读数据								从显示数据静态寄存器中读取数据到数据总线

按表 5-2 序号简要说明如下：

(1)显示开/关设置。

功能：设置屏幕显示开/关。DB0＝H，开显示；DB0＝L，关显示。

(2)设置显示起始行。

功能：执行该命令后，所设置的行将显示在屏幕的第一行。显示起始行是由 Z 地址计数器控制的，该命令自动将 A0～A5 位地址送入 Z 地址计算器，起始地址可以是 0～63 范围内任意一行。Z 地址计数器具有循环技术功能，用于显示行扫描同步，当扫描完一行后自动加 1。

(3)设置页地址。

功能：执行本指令后，下面的读写操作将在指定页内，直到重新设置。页地址就是

DDRAM 的行地址，页地址存储在 X 地址计数器中，A2～A0 可表示 8 页，读写数据对页地址没有影响，除本指令可改变页地址外，复位信号(RST)可把页地址计数器内容清零。

（4）设置列地址。

功能：DDRAM 的列地址存储在 Y 地址计数器中，读写数据对列地址有影响，在对 DDRAM 进行读写操作后，Y 地址自动加 1。

所谓的页地址就是 12864 液晶显示器中 DDRAM 的行地址，8 行为一页，LCD12864 中共有 64 行，即 8 页，设置 X 地赶指令中 DB2～DB0 用于选择第 0～7 页。单片机读/写 LCD12864 的数据时对页地址没有影响。单片机在执行命令"设置列(Y)地址"时，将新的 6 位 Y 地址写到 Y 地址计数器中。当单片机对 DDRAM 中的数据进行读或写操作(读/写数据)时，Y 地址计数器会加 1，指向下一个地址。

（5）状态检测。

功能：读忙信号标志位(BF)、复位标志位(RST)以及显示状态(ON/OFF)。

  BF＝H：内部正在执行操作； BF＝L：空闲状态。

  RST＝H：正处于复位初始化状态； RST＝L：正常状态。

  ON/OFF＝H：表示显示关闭； ON/OFF＝L：表示显示打开。

（6）写显示数据。

功能：写数据到 DDRAM，DDRAM 存储图形显示数据，写指令执行后 Y 地址计数器自动加 1，D7～D0 位数据为 1 时表示显示，数据为 0 时表示不显示。写数据到 DDRAM 前，要先执行"设置页地址"及"设置列地址"命令。

（7）读显示数据。

功能：从 DDRAM 读取数据，读指令执行后 Y 地址计数器自动加 1。从 DDRAM 读取数据要先执行"设置页地址"及"设置列地址"命令。

2. LCD12864 操作时序

LCD12864 分为写时序和读时序两种，分别如图 5-4、图 5-5 所示。

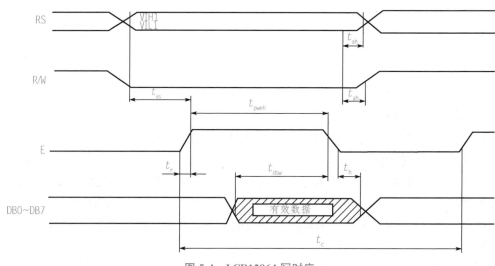

图 5-4 LCD12864 写时序

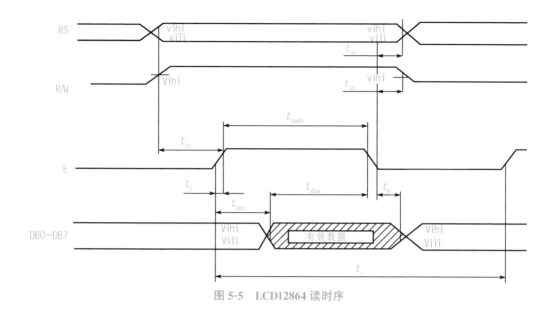

图 5-5　LCD12864 读时序

5.3　项目操作训练

5.3.1　任务一 12864 液晶显示数字

5.3.1.1　任务要求

1. LCD12864 液晶数字显示系统描述及有关说明

显示：在液晶屏幕的第二行显示"0123456789"，数字格式要求为 8×16。

2. 系统控制要求

系统上电，12864 液晶模块按照系统要求，显示"0123456789"。

5.3.1.2　任务分析

要在 12864 液晶模块显示一个数字，先决条件就是 LCD12864 处于准备好的状态，当 LCD12864 处于忙的状态时，除了读状态字指令外，其他指令均不起作用，因此在访问 LCD12864 前，需要判断 LCD12864 是否准备好。然后，需要 3 个基本的控制操作：分别向左右半屏幕写指令代码、写数据和读显示数据。

5.3.1.3　硬件电路

使用 YL—236 实训考核装置模拟实现本任务，其硬件模块接线图如图 5-6 所示。

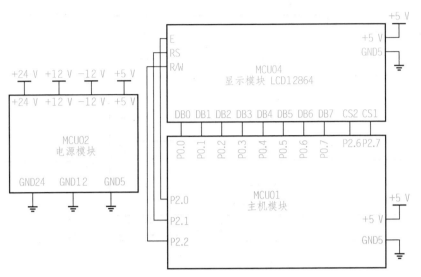

图 5-6　12864 液晶数字显示系统模块接线图

该电路由单片机的主机模块、LCD12864 显示模块共同组合而成。电源模块为各部分电路提供电源。

5.3.1.4　任务程序的编写

1. 主程序流程图

12864 液晶数字显示主程序流程图如图 5-7 所示。

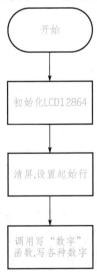

图 5-7　12864 液晶数字显示主程序流程图

2. 参考程序

根据图 5-7 12864 液晶数字显示主程序流程图编写程序，其程序如下：

12864 液晶数字显示参考程序   12864SZ. C

```c
#include < reg52.h>        //包含 reg52.h 头文件

#define uchar unsigned char    //定义无符号字符型
#define uint unsigned int    //定义无符号整型
    sbit cs1= P2^7;      //定义 P2.7 为左半屏片选信号
sbit cs2= P2^6;      //定义 P2.6 为右半屏片选信号
sbit e= P2^0;        //读、写使能
sbit rw= P2^2;        //数据、指令选择
sbit rs= P2^1;        //读、写选择
/* * * * * * * * * * 定义 ASCII 字库 8 列 * 16 行 * * * * * * * * * * * /
uchar code ezk[]= {
/* - - 文字:   0 - - * /
/* - - 宋体 12;   此字体下对应的点阵为:宽 * 高= 8 * 16  - - * /
0x00, 0xE0, 0x10, 0x08, 0x08, 0x10, 0xE0, 0x00, 0x00, 0x0F, 0x10, 0x20, 0x20,
0x10, 0x0F, 0x00,
/* - - 文字:   1 - - * /
/* - - 宋体 12;   此字体下对应的点阵为:宽 * 高= 8 * 16  - - * /
0x00, 0x10, 0x10, 0xF8, 0x00, 0x00, 0x00, 0x00, 0x00, 0x20, 0x20, 0x3F, 0x20,
0x20, 0x00, 0x00,
/* - - 文字:   2 - - * /
/* - - 宋体 12;   此字体下对应的点阵为:宽 * 高= 8 * 16  - - * /
0x00, 0x70, 0x08, 0x08, 0x08, 0x88, 0x70, 0x00, 0x00, 0x30, 0x28, 0x24, 0x22,
0x21, 0x30, 0x00,
/* - - 文字:   3 - - * /
/* - - 宋体 12;   此字体下对应的点阵为:宽 * 高= 8 * 16  - - * /
0x00, 0x30, 0x08, 0x88, 0x88, 0x48, 0x30, 0x00, 0x00, 0x18, 0x20, 0x20, 0x20,
0x11, 0x0E, 0x00,
/* - - 文字:   4 - - * /
/* - - 宋体 12;   此字体下对应的点阵为:宽 * 高= 8 * 16  - - * /
0x00, 0x00, 0xC0, 0x20, 0x10, 0xF8, 0x00, 0x00, 0x00, 0x07, 0x04, 0x24, 0x24,
0x3F, 0x24, 0x00,
/* - - 文字:   5 - - * /
/* - - 宋体 12;   此字体下对应的点阵为:宽 * 高= 8 * 16  - - * /
0x00, 0xF8, 0x08, 0x88, 0x88, 0x08, 0x08, 0x00, 0x00, 0x19, 0x21, 0x20, 0x20,
0x11, 0x0E, 0x00,
/* - - 文字:   6 - - * /
/* - - 宋体 12;   此字体下对应的点阵为:宽 * 高= 8 * 16  - - * /
0x00, 0xE0, 0x10, 0x88, 0x88, 0x18, 0x00, 0x00, 0x00, 0x0F, 0x11, 0x20, 0x20,
0x11, 0x0E, 0x00,
/* - - 文字:   7 - - * /
/* - - 宋体 12;   此字体下对应的点阵为:宽 * 高= 8 * 16  - - * /
0x00, 0x38, 0x08, 0x08, 0xC8, 0x38, 0x08, 0x00, 0x00, 0x00, 0x00, 0x3F, 0x00,
0x00, 0x00, 0x00,
/* - - 文字:   8 - - * /
/* - - 宋体 12;   此字体下对应的点阵为:宽 * 高= 8 * 16  - - * /
0x00, 0x70, 0x88, 0x08, 0x08, 0x88, 0x70, 0x00, 0x00, 0x1C, 0x22, 0x21, 0x21,
0x22, 0x1C, 0x00,
/* - - 文字:   9 - - * /
/* - - 宋体 12;   此字体下对应的点阵为:宽 * 高= 8 * 16  - - * /
```

```
0x00, 0xE0, 0x10, 0x08, 0x08, 0x10, 0xE0, 0x00, 0x00, 0x00, 0x31, 0x22, 0x22, 0x11,
0x0F, 0x00,
};
char code *ezkinx= "0123456789";        //ASCII 库索引指针
/* * * * * * * * * * * * * 发送控制指令 * * * * * * * * * * * * * * * * */
void wcmd(uchar cmd)      //写命令到 LCD 中
{
  ET0= 0;
  rs= 0;        //向 LCD 发送命令
  rw= 0;
  P0= cmd;
  e= 1;
  e= 1;
  e= 1;
  e= 0;
  ET0= 1;
}
/* * * * * * * * * * * * * 发送显示数据 * * * * * * * * * * * * * */
void wdata(uchar data1)      //新加人的写数据命令
{
  ET0= 0;
  rs= 1;
  rw= 0;
  P0= data1;
  e= 1;
  e= 1;
  e= 1;
  e= 0;
  ET0= 1;
}
/* * * * * * * * * 设置所要显示字符的页地址 * * * * * * * * * */
void setli(uchar li)      //设置页，0xb8 是页的首地址
{
  li| = 0xb8;
  wcmd(li);
}
/* * * * * * * * * * * * 设置显示的起始行 * * * * * * * * * * * * * */
void setst(uchar st)      //设定显示开始行，0xc0 是行的首地址
{
  st| = 0xc0;
  wcmd(st);
}
/* * * * * * * * * * 设置所要显示字符的列地址 * * * * * * * * * */
void setco(uchar co) //设定列地址 Y0～Y63，0x40 是列的首地址
{
  co| = 0x40;
  wcmd(co);
}
/* * * * * * * * * * * * * * 选屏函数 * * * * * * * * * * * * * * * */
void sele(uchar scr)
{
  switch(scr)
  {
```

```
       case 0: cs1= 1, cs2= 1; break;
       case 1: cs1= 1, cs2= 0; break;
       case 2: cs1= 0, cs2= 1; break;
   }
}
/* * * * * * * * * * 开关 12864 液晶屏函数* * * * * * * * * * * /
void seton(uchar on)
{
   on| = 0x3e;
   wcmd(on);
}
/* * * * * * * * * * * * * * 清屏函数* * * * * * * * * * * * * * /
void clea(uchar scr)
{
   uchar i, j;
   sele(scr);
   for(i= 0; i< 8; i++ )
   {
     setli(i);
     for(j= 0; j< 64; j++ )
     {
       setco(j);
       wdata(0x00);
     }
   }
}
/* * * * * * * * * * * 12864 液晶初始化函数* * * * * * * * * * * /
void init_ 12864()      //初始化 LCD
{
   sele(0);
   seton(0);       //关显示
   sele(0);
   seton(1);       //开显示
   sele(0);
   clea(0);        //清屏
   setst(0);       //开始行: 0
}
/* * * * * * * * * * * 索引显示16 * 8 的字符函数* * * * * * * * * /
void shu_ inx(uchar li, co, char *pstr)
//li 为选页参数, co 为选列参数, *pstr 为指针
{
   uchar j, k;
   for(; *pstr; pstr+ = 2, co+ = 8)
   {
     if(co< 64)      //当列小于 64 列时选择第一屏
     sele(1);
     else     //当列大于 64 列时选择第二屏
     sele(2);
     for(k= 0; k< 100; k++ )
     if(* (char* )pstr= = ezkinx[k]) break;
     setli(li);      //写上半页
```

```
        setco(co&0x3f);       //控制列
        for(j= 0; j< 8; j++ )     //控制 8 列的数据输出
        {
          wdata(ezk[j+ 16 * k]);      //(j+ 16 * k)所取汉字的前 8 个数据
        }
        setli(li+ 1);       //写下半页
        setco(co&0x3f);
        for(j= 0; j< 8; j++ )
        {
          wdata(ezk[j+ 16* k+ 8]);       //(j+ 16 * k+8)所取汉字的后 8 个数据输出
        }
      }
    }
    void main()
    {
      init_ 12864();       //初始化 12864 液晶模块的函数调用
      shu_ inx(2, 0,"0 1 2 3 4 5 6 7 8 9");
                           //从第二行，第 0 列开始显示数字 0123456789
      while(1)
      {
        ;
      }
    }
```

3. 程序说明

LCD12864 的驱动特点：单片机把所要显示的数据写到 LCD12864 上，数据将保留在屏幕上，直至屏幕控制器收到清屏或者初始化命令；LCD12864 要显示的数据，只需写入一次，无须定时扫描。所以，在程序中先进行初始化屏幕，然后写入数据，最后是死循环函数。

5.3.1.5　任务实施步骤

(1)硬件电路连接。按照图 5-6 所示的硬件电路接线图，选择所需的模块并进行布局，然后将电源模块、主机模块和液晶显示模块用导线进行连接。单片机使用仿真器的仿真头来代替接入。

(2)打开 MedWin 软件，通过执行菜单"项目管理"→"新建项目"命令，新建立一个工程项目 12864SZ，然后再建一个文件名为 12864SZ. C 的源程序文件，将上面的参考程序输入并保存。

(3)单击"重新产生代码并装入"按钮或使用【Ctrl】＋【F9】快捷键，对源程序进行编译和链接，产生目标代码并装入仿真器中。

(4)单击"运行"，观察 LCD12864 是否显示正确。

5.3.1.6　任务评价

任务完成后要填写任务评价表，见表 5-3。

表 5-3　任务一完成情况评价表

任务名称			评价时间		年	月	日
小组名称		小组成员					
评价内容	评价要求	权重	评价标准	学生自评得分	小组评价得分	教师评价得分	合计
职业与安全意识	（1）工具摆放、操作符合安全操作规程； （2）遵守纪律，爱惜设备和器材，工位整洁； （3）具有团队协作精神	10%	好(10) 较好(8) 一般(6) 差(<6)				
模块的布局和布线工艺	（1）模块布局合理，模块的选择应符合要求； （2）根据需要选择不同颜色的导线进行连接，导线连接应可靠，走线合理，扎线整齐、美观	15%	好(15) 较好(12) 一般(9) 差(<9)				
任务功能测试	（1）编写的程序能成功编译； （2）程序能正确烧写到芯片中； （3）12864 液晶模块显示内容正确	60%	好(60) 较好(45) 一般(30) 差(<30)				
问题与思考	（1）如何显示 6×12 数字？ （2）如何将数字一分为二，分别显示在左右半屏	15%	好(15) 较好(12) 一般(9) 差(<6)				
教师签名			学生签名			总分	
任务评价＝学生自评(0.2)＋小组评价(0.3)＋教师评价(0.5)							

5.3.2　任务二　12864 液晶显示字符

5.3.2.1　任务要求

1. 12864 液晶字符显示系统描述及有关说明

显示：利用指针的方法在液晶屏幕的第二行显示"单片机控制装置"。字符格式要求为 16×16。

2. 系统控制要求

系统上电，12864 液晶模块按照系统要求，在液晶屏幕的第二行显示"单片机控制装置"。字符格式要求为 16×16。

5.3.2.2 任务分析

LCD12864 初始化的方法已经在任务一中做了介绍，并给出了范例程序。显示字符的方法有很多种，在此我们讲解如何运用 C 语言指针的方法，完成 LCD12864 显示汉字字符的编程思路。

单片机 C 语言指针的使用：

(1)指针变量的定义。在单片机 C 语言中，对变量的访问形式之一，就是先求出变量的地址，然后再通过地址对它进行访问，我们要理解指针及其指针变量，才能正确地使用指针。

指针变量的一般定义：类型标识符 * 标识符；

其中标识符是指针变量的名字，标识符前的"*"号表示该变量是指针变量，"类型标识符"表示该指针变量所指向的对象(变量、数组或函数等)的类型。需要注意，一个指针变量只能指向同类型的变量。

(2)指针变量的引用。在指针变量中只能存放地址类型数据，引用形式为"* 指针变量"。

例如：int z, * p；

若"p=&z；"，则称 p 指向变量 z，或称 p 具有了变量 z 的地址。

(3)指针变量的运算。指针允许的运算方式有比较、赋值和加减运算等。

例如：比较

zz1==zz2 若为真，则表示 zz1 和 zz2 指向同一数组元素

zz1>zz2 若为真，则表示 zz1 地址位置高于 zz2

zz1<zz2 若为真，则表示 zz2 地址位置高于 zz1

例如：赋值

①int a, * zz1, * zz2；

  zz1=&a；

  zz2=zz1；//表示将指针变量 zz1 的值赋给了指针变量 zz2。

②int a[10], * zz1；

    zz1=a；//表示将数组 a 的首地址直接赋给了指针变量 zz1。

③unsigned char * zz1；

    zz1="C51 MCU"；//表示将字符串的首地址赋给了指针变量 zz1。

④int(* zz1)()；

    zz1=f；//表示 f 为函数名，把函数的入口地址赋给指向函数的指针变量。

例如：运算

int a[10], * zz1=a；

    zz1+=2；//表示 zz1=a+4。

LCD12864 指针索引显示子程序如下：

	12864 指针索引显示子程序	12864SY. C

```
/* * * * * * * * * * * 索引显示16 * 16的字符函数 * * * * * * * * * * * * * /
void zi_ inx(uchar li, co, char *pstr)    //li为选页参数，co为选列参数，* pstr为指针
{
  uchar j, k;
  for(; *pstr; pstr+ = 2, co+ = 16)
  {
    if(co< 64)    //当列小于64列时选择第一屏
    sele(1);
    else    //当列大于64列时选择第二屏
    sele(2);
    for(k= 0; k< 100; k++ )
    if(* (int* )pstr= hzkinx[k]) break;
    setli(li);    //写上半页
    setco(co&0x3f);    //控制列
    for(j= 0; j< 16; j++ )    //控制16列的数据输出
    {
      wdata(hzk[j+ 32 * k]);    //(j+ 32 * k)所取汉字的前16个数据
    }
    setli(li+ 1); //写下半页
    setco(co&0x3f);
    for(j= 0; j< 16; j++ )
    {
      wdata(hzk[j+ 32 * k+ 16]);    //(j+ 32 * k+ 16)所取汉字的后16个数据输出
    }
  }
}
```

5.3.2.3 硬件电路

用 YL—236 实训考核装置实现本任务要求的硬件模块接线如图 5-8 所示。

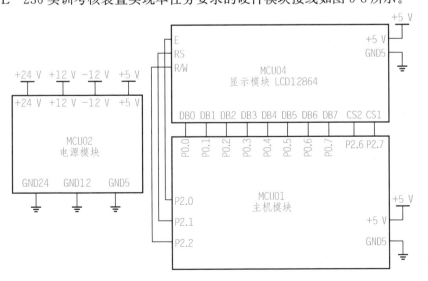

图 5-8 LCD12864 显示字符控制系统模块接线图

5.3.2.4 任务程序的编写

1. 主程序流程图

12864 液晶显示字符主程序流程图如图 5-9 所示。

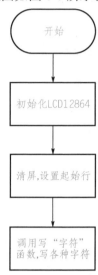

图 5-9 12864 液晶显示字符主程序流程图

2. 参考程序

根据图 5-9 12864 液晶显示字符主程序流程图编写程序，其程序如下：

	12864 液晶显示字符参考程序	12864HZ. C

```
#include < reg52. h>        //包含 reg52. h 头文件

#define uchar unsigned char     //定义无符号字符型
#define uint unsigned int    //定义无符号整型

sbit cs1= P2^7;      //定义 P2.7 为左半屏片选信号
sbit cs2= P2^6;      //定义 P2.6 为右半屏片选信号
sbit e= P2^0;     //读、写使能
sbit rw= P2^2;     //数据、指令选择
sbit rs= P2^1;      //读、写选择
/* * * * * * * * * * * * * 定义中文字库 16列＊16行＊ * * * * * * * * * * * * * * * /
uchar code hzk[]= {
/* - - 文字：  单  - - * /
/* - - 宋体 12;   此字体下对应的点阵为：宽＊高= 16＊16   - - * /
0x00, 0x00, 0xF8, 0x49, 0x4A, 0x4C, 0x48, 0xF8, 0x48, 0x4C, 0x4A, 0x49, 0xF8,
0x00, 0x00, 0x00,
0x10, 0x10, 0x13, 0x12, 0x12, 0x12, 0x12, 0xFF, 0x12, 0x12, 0x12, 0x12, 0x13,
0x10, 0x10, 0x00,
```

```
/* - - 文字:  片 - - */
/* - - 宋体 12;   此字体下对应的点阵为:宽*高= 16*16   - - */
0x00, 0x00, 0x00, 0xFE, 0x20, 0x20, 0x20, 0x20, 0x20, 0x3F, 0x20, 0x20, 0x20, 0x20,
0x00, 0x00,
0x00, 0x80, 0x60, 0x1F, 0x02, 0x02, 0x02, 0x02, 0x02, 0x02, 0xFE, 0x00, 0x00, 0x00,
0x00, 0x00,
/* - - 文字:  机 - - */
/* - - 宋体 12;   此字体下对应的点阵为:宽*高= 16*16   - - */
0x10, 0x10, 0xD0, 0xFF, 0x90, 0x10, 0x00, 0xFE, 0x02, 0x02, 0x02, 0xFE, 0x00, 0x00,
0x00, 0x00,
0x04, 0x03, 0x00, 0xFF, 0x00, 0x83, 0x60, 0x1F, 0x00, 0x00, 0x00, 0x3F, 0x40, 0x40,
0x78, 0x00,
/* - - 文字:  控 - - */
/* - - 宋体 12;   此字体下对应的点阵为:宽*高= 16*16   - - */
0x10, 0x10, 0x10, 0xFF, 0x90, 0x20, 0x98, 0x48, 0x28, 0x09, 0x0E, 0x28, 0x48, 0xA8,
0x18, 0x00,
0x02, 0x42, 0x81, 0x7F, 0x00, 0x40, 0x40, 0x42, 0x42, 0x42, 0x7E, 0x42, 0x42, 0x42,
0x40, 0x00,
/* - - 文字:  制 - - */
/* - - 宋体 12;   此字体下对应的点阵为:宽*高= 16*16   - - */
0x40, 0x50, 0x4E, 0x48, 0x48, 0xFF, 0x48, 0x48, 0x48, 0x40, 0xF8, 0x00, 0x00, 0xFF,
0x00, 0x00,
0x00, 0x00, 0x3E, 0x02, 0x02, 0xFF, 0x12, 0x22, 0x1E, 0x00, 0x0F, 0x40, 0x80, 0x7F,
0x00, 0x00,
/* - - 文字:  装 - - */
/* - - 宋体 12;   此字体下对应的点阵为:宽*高= 16*16   - - */
0x40, 0x42, 0x24, 0x10, 0xFF, 0x00, 0x84, 0x44, 0x44, 0x44, 0x7F, 0x44, 0x44, 0x44,
0x04, 0x00,
0x22, 0x22, 0x12, 0x12, 0x0A, 0xFE, 0x42, 0x27, 0x0A, 0x12, 0x22, 0x32, 0x4A, 0x42,
0x42, 0x00,
/* - - 文字:  置 - - */
/* - - 宋体 12;   此字体下对应的点阵为:宽*高= 16*16   - - */
0x00, 0x17, 0x15, 0xD5, 0x55, 0x57, 0x55, 0x7D, 0x55, 0x57, 0x55, 0xD5, 0x15, 0x17,
0x00, 0x00,
0x40, 0x40, 0x40, 0x7F, 0x55, 0x55, 0x55, 0x55, 0x55, 0x55, 0x55, 0x7F, 0x40, 0x40,
0x40, 0x00,
};
int code *hzkinx= "单片机控制装置";        //中文字库索引指针
/* * * * * * * * * * * * * * * * * * 发送控制指令* * * * * * * * * * * * * * * * * */
void wcmd(uchar cmd)      //写命令到 LCD 中
{
  ET0= 0;
  rs= 0;     //向 LCD 发送命令
  rw= 0;
  P0= cmd;
```

```
    e= 1;
    e= 1;
    e= 1;
    e= 0;
    ET0= 1;
}
/* * * * * * * * * * * * * * * 发送显示数据* * * * * * * * * * * * * * * * /
void wdata(uchar data1)     //新加入的写数据命令
{
    ET0= 0;
    rs= 1;
    rw= 0;
    P0= data1;
    e= 1;
    e= 1;
    e= 1;
    e= 0;
    ET0= 1;
}
/* * * * * * * * * * 设置所要显示字符的页地址* * * * * * * * * * * /
void setli(uchar li)     //设置页，0xb8 是页的首地址
{
    li| = 0xb8;
    wcmd(li);
}
/* * * * * * * * * * * * 设置显示的起始行* * * * * * * * * * * * * * /
void setst(uchar st)     //设定显示开始行，0xc0 是行的首地址
{
    st| = 0xc0;
    wcmd(st);
}
/* * * * * * * * * * * 设置所要显示字符的列地址* * * * * * * * * * * /
void setco(uchar co)//设定列地址 Y0～Y63，0x40 是列的首地址
{
    co| = 0x40;
    wcmd(co);
}
/* * * * * * * * * * * * * * * * 选屏函数* * * * * * * * * * * * * * * * * /
void sele(uchar scr)
{
    switch(scr)
    {
        case 0: cs1= 1, cs2= 1; break;
        case 1: cs1= 1, cs2= 0; break;
```

```c
    case 2: cs1= 0, cs2= 1; break;
  }
}
/* * * * * * * * * * * * 开关 12864 液晶屏函数 * * * * * * * * * * * * /
void seton(uchar on)
{
  on| = 0x3e;
  wcmd(on);
}
/* * * * * * * * * * * * * * * * * 清屏函数 * * * * * * * * * * * * * * * * * /
void clea(uchar scr)
{
  uchar i, j;
  sele(scr);
  for(i= 0; i< 8; i++ )
  {
    setli(i);
    for(j= 0; j< 64; j++ )
    {
      setco(j);
      wdata(0x00);
    }
  }
}
/* * * * * * * * * * * 12864 液晶初始化函数 * * * * * * * * * * * /
void init_ 12864()    //初始化 LCD
{
  sele(0);
  seton(0);       //关显示
  sele(0);
  seton(1);       //开显示
  sele(0);
  clea(0);       //清屏
  setst(0);       //开始行：0
}
/* * * * * * * * * * 索引显示 16*16 的字符函数 * * * * * * * * * * /
void zi_ inx(uchar li, co, char *pstr)
                        //li 为选页参数，co 为选列参数，*pstr 为指针
{
  uchar j, k;
  for(; *pstr; pstr+ = 2, co+ = 16)
  {
    if(co< 64)     //当列小于 64 列时选择第一屏
    sele(1);
    else     //当列大于 64 列时选择第二屏
    sele(2);
```

```
    for(k= 0; k< 100; k++ )
    if(* (int* )pstr= = hzkinx[k]) break;
    setli(li);        //写上半页
    setco(co&0x3f);        //控制列
    for(j= 0; j< 16; j++ )        //控制 16 列的数据输出
    {
      wdata(hzk[j+ 32 * k]);        //(j+ 32 * k)所取汉字的前 16 个数据
    }
    setli(li+ 1);        //写下半页
    setco(co&0x3f);
    for(j= 0; j< 16; j++ )
    {
    wdata(hzk[j+ 32 * k+ 16]);          //(j+ 32 * k+16)所取汉字的后 16 个数据输出
    }
  }
}
void main()
{
  init_ 12864();        //初始化 12864 液晶模块的函数调用
  zi_ inx(2, 0,"单片机控制装置");        //从第二行，第 0 列开始显示"单片机控制装置"
  while(1)
  {
    ;
  }
}
```

3. 程序说明

本程序利用指针索引的方式完成了汉字字符自动显示的功能，省略了编程时计算显示位置的过程，大大提高了编程效率，是当今大赛的主流做法。其中需要注意的是指针的用法，非常灵活，需要编程学习者好好体会指针程序的奥妙。

5.3.2.5 任务实施步骤

(1)硬件电路连接。按照图 5-8 所示的硬件电路接线图，选择所需的模块并进行布局，然后将电源模块、主机模块和液晶显示模块用导线进行连接。单片机使用仿真器的仿真头来代替接入。

(2)打开 MedWin 软件，通过执行菜单"项目管理"→"新建项目"命令，新建立一个工程项目 12864HZ，然后再建一个文件名为 12864HZ.C 的源程序文件，将上面的参考程序输入并保存。

(3)单击"重新产生代码并装入"按钮或使用【Ctrl】+【F9】快捷键，对源程序进行编译和链接，产生目标代码并装入仿真器中。

(4)单击"运行"，观察 LCD12864 是否显示正确。

5.3.2.6 任务评价

任务完成后要填写任务评价表，见表5-4。

表5-4 任务二完成情况评价表

任务名称				评价时间		年 月 日	
小组名称			小组成员				
评价内容	评价要求	权重	评价标准	学生自评得分	小组评价得分	教师评价得分	合计
职业与安全意识	(1)工具摆放、操作符合安全操作规程； (2)遵守纪律，爱惜设备和器材，工位整洁； (3)具有团队协作精神	10%	好(10) 较好(8) 一般(6) 差(<6)				
模块的布局和布线工艺	(1)模块布局合理，模块的选择应符合要求； (2)根据需要选择不同颜色的导线进行连接，导线连接应可靠，走线合理，扎线整齐、美观	15%	好(15) 较好(12) 一般(9) 差(<9)				
任务功能测试	(1)编写的程序能成功编译； (2)程序能正确烧写到芯片中； (3)12864液晶模块显示内容正确	60%	好(60) 较好(45) 一般(30) 差(<30)				
问题与思考	(1)如何显示6×12汉字？ (2)汉字可以利用指针索引显示，如何用同样的方法显示数字	15%	好(15) 较好(12) 一般(9) 差(<6)				
教师签名			学生签名			总分	
任务评价=学生自评(0.2)+小组评价(0.3)+教师评价(0.5)							

5.3.3 任务三 12864液晶万年历的制作

5.3.3.1 任务要求

1. 12864 液晶万年历控制系统描述及有关说明

(1)显示：由12864液晶显示模块组成，实现万年历信息的显示。

(2)独立键盘：SB1实现"＋"功能，SB2实现"－"功能，SB3实现"确认"功能，SB4实现"设置选择"功能。

(3)LED：闹钟提醒灯。其作用为当闹钟响起时，做可视化提醒。

2. 系统控制要求

系统上电，LCD12864 第一行显示"LCD12864 万年历"，第二行显示"××××年××月××日"，第三行显示"××：××：××"，第四行显示"闹钟　××：××"。

按设置键可依次设置各位参数，按加/减功能键可调整各位参数值，按确认键完成设置，系统开始工作。

当系统运行时间与闹钟设置时间相同时，系统发出警报声，闹钟提醒灯亮 1 min。

5.3.3.2　任务分析

本任务中的有关 LCD12864 的难点在任务一和任务二中已经解决了，但在这个综合性的任务中，需要涉及单片机 C 语言关系表达式及运算符的使用，以下我们就针对这个问题，进行详细的讲解。

单片机 C 语言关系表达式及运算符的使用

(1)在单片机 C 语言编程中，通常用到 30 个运算符，其中算术运算符 13 个，关系运算符 6 个，逻辑运算符 3 个，位操作符 7 个，指针运算符 1 个。

(2)在 C 语言中，运算符具有优先级和结合性，如表 5-5 所示。

①算术运算符优先级规定为：先乘除模(模运算又叫求余运算)，后加减，括号最优先。结合性规定为：自左至右，即运算对象两侧的算术符优先级相同时，先与左边的运算符号结合。

②关系运算符的优先级规定为：＞、＜、＞＝、＜＝四种运算符优先级相同，＝＝、！＝相同，但前四种优先级高于后两种。关系运算符的优先级低于算术运算符，高于赋值(＝)运算符。

③逻辑运算符的优先级次序为：！、＆＆、‖。

④当表达式中出现不同类型的运算符时，非(!)运算符优先级最高，算术运算符次之，关系运算符再次之，其次是 ＆＆ 和 ‖，最低为赋值运算符。

(3)位操作的对象只能是整型或字符数据型。

表 5-5　单片机 C 语言常用运算符优先级

优先级	运算符	名称或含义	使用形式	结合方向
1	/	除	表达式/表达式	从左到右
	*	乘	表达式 * 表达式	
	%	余数(取模)	整型表达式%整型表达式	
2	+	加	表达式＋表达式	从左到右
	−	减	表达式－表达式	
3	<<	左移	变量<<表达式	从左到右
	>>	右移	变量>>表达式	
4	>	大于	表达式>表达式	从左到右
	>=	大于等于	表达式>=表达式	
	<	小于	表达式<表达式	
	<=	小于等于	表达式<=表达式	

续表

优先级	运算符	名称或含义	使用形式	结合方向
5	==	等于	表达式==表达式	从左到右
	!=	不等于	表达式!=表达式	
6	&	按位与	表达式&表达式	从左到右
7	∧	按位异或	表达式∧表达式	从左到右
8	|	按位或	表达式|表达式	从左到右
9	&&	逻辑与	表达式&&表达式	从左到右
10	||	逻辑或	表达式||表达式	从左到右
11	?:	条件运算符	表达式1?表达式2：表达式3	从右到左
12	=	赋值运算符	变量=表达式	从右到左
	/=	除后赋值	变量/=表达式	
	*=	乘后赋值	变量*=表达式	
	%=	取模后赋值	变量%=表达式	
	+=	加后赋值	变量+=表达式	
	-=	减后赋值	变量-=表达式	
	<<=	左移后赋值	变量<<=表达式	
	>>=	右移后赋值	变量>>=表达式	
	&=	按位与后赋值	变量&=表达式	
	∧=	按位异或后赋值	变量∧=表达式	
	|=	按位或后赋值	变量|=表达式	

5.3.3.3　硬件电路

用 YL—236 实训考核装置实现本任务要求的硬件模块接线如图 5-10 所示。

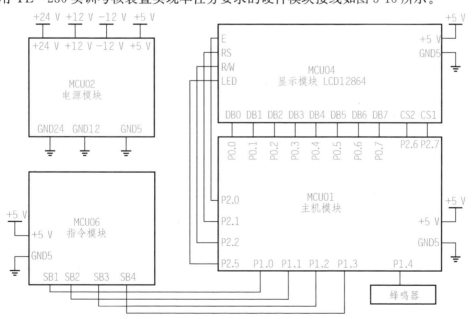

图 5-10　LCD12864 万年历控制系统模块接线图

该电路由主机模块、12864 液晶显示模块、指令键盘共同组合而成。电源模块为各个部分电路提供电源。

5.3.3.4　任务程序的编写

1. 主程序流程图

12864 液晶万年历主程序流程图如图 5-11 所示。

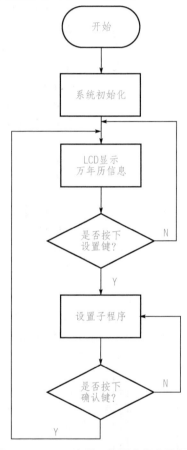

图 5-11　12864 液晶万年历主程序流程图

2. 参考程序

根据图 5-11 12864 液晶万年历主程序设计流程图，我们编写的任务三的参考程序如下：

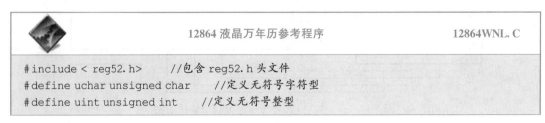

12864 液晶万年历参考程序	12864WNL. C

```
#include < reg52.h>     //包含 reg52.h 头文件
#define uchar unsigned char    //定义无符号字符型
#define uint unsigned int    //定义无符号整型
```

```
sbit cs1= P2^7;        //定义 P2.7 为左半屏片选信号
sbit cs2= P2^6;        //定义 P2.6 为右半屏片选信号
sbit e= P2^0;          //读、写使能
sbit rw= P2^2;         //数据、指令选择
sbit rs= P2^1;         //读、写选择
sbit fmq= P1^4;        //蜂鸣器
sbit led= P2^5;        //LED 灯
sbit sb1= P1^0;        //按键 1
sbit sb2= P1^1;        //按键 2
sbit sb3= P1^2;        //按键 3
sbit sb4= P1^3;        //按键 4
/* * * * * * * * * * * * * * * * 定义中文字库 16 列 * 16 行* * * * * * * * * * * * * * * * * * * /
uchar code hzk[]= {
/* - - 文字：  万  - - * /
/* - - 宋体 12;   此字体下对应的点阵为：宽 * 高= 16 * 16   - - * /
0x04, 0x04, 0x04, 0x04, 0x04, 0xFC, 0x44, 0x44, 0x44, 0x44, 0x44, 0xC4, 0x04, 0x04,
0x04, 0x00,
0x80, 0x40, 0x20, 0x18, 0x06, 0x01, 0x00, 0x00, 0x40, 0x80, 0x40, 0x3F, 0x00, 0x00,
0x00, 0x00,
/* - - 文字：  年  - - * /
/* - - 宋体 12;   此字体下对应的点阵为：宽 * 高= 16 * 16   - - * /
0x00, 0x20, 0x18, 0xC7, 0x44, 0x44, 0x44, 0x44, 0xFC, 0x44, 0x44, 0x44, 0x44, 0x04,
0x00, 0x00,
0x04, 0x04, 0x04, 0x07, 0x04, 0x04, 0x04, 0x04, 0xFF, 0x04, 0x04, 0x04, 0x04, 0x04,
0x04, 0x00,
/* - - 文字：  历  - - * /
/* - - 宋体 12;   此字体下对应的点阵为：宽 * 高= 16 * 16   - - * /
0x00, 0x00, 0xFE, 0x02, 0x42, 0x42, 0x42, 0x42, 0xFA, 0x42, 0x42, 0x42, 0x42, 0xC2,
0x02, 0x00,
0x80, 0x60, 0x1F, 0x80, 0x40, 0x20, 0x18, 0x06, 0x01, 0x00, 0x40, 0x80, 0x40, 0x3F,
0x00, 0x00,
/* - - 文字：  月  - - * /
/* - - 宋体 12;   此字体下对应的点阵为：宽 * 高= 16 * 16   - - * /
0x00, 0x00, 0x00, 0xFE, 0x22, 0x22, 0x22, 0x22, 0x22, 0x22, 0x22, 0x22, 0xFE, 0x00,
0x00, 0x00,
0x80, 0x40, 0x30, 0x0F, 0x02, 0x02, 0x02, 0x02, 0x02, 0x02, 0x42, 0x82, 0x7F, 0x00,
0x00, 0x00,
/* - - 文字：  日  - - * /
/* - - 宋体 12;   此字体下对应的点阵为：宽 * 高= 16 * 16   - - * /
0x00, 0x00, 0x00, 0xFE, 0x82, 0x82, 0x82, 0x82, 0x82, 0x82, 0x82, 0xFE, 0x00, 0x00,
0x00, 0x00,
0x00, 0x00, 0x00, 0xFF, 0x40, 0x40, 0x40, 0x40, 0x40, 0x40, 0x40, 0xFF, 0x00, 0x00,
0x00, 0x00,
/* - - 文字：  闹  - - * /
/* - - 宋体 12;   此字体下对应的点阵为：宽 * 高= 16 * 16   - - * /
0x00, 0xF8, 0x01, 0x22, 0x20, 0x22, 0x2A, 0xF2, 0x22, 0x22, 0x22, 0x22, 0x02, 0xFE,
0x00, 0x00,
```

```
0x00, 0xFF, 0x00, 0x00, 0x1F, 0x01, 0x01, 0x7F, 0x09, 0x11, 0x0F, 0x40, 0x80, 0x7F,
0x00, 0x00,
/* - - 文字:  钟  - - */
/* - - 宋体 12;  此字体下对应的点阵为:宽*高= 16*16  - - */
0x20, 0x10, 0x2C, 0xE7, 0x24, 0x24, 0x00, 0xF0, 0x10, 0x10, 0xFF, 0x10, 0x10, 0xF0,
0x00, 0x00,
0x01, 0x01, 0x01, 0x7F, 0x21, 0x11, 0x00, 0x07, 0x02, 0x02, 0xFF, 0x02, 0x02, 0x07,
0x00, 0x00,
};
/* * * * * * * * * * * * 定义ASCII字库8列*16行* * * * * * * * * * * * */
uchar code ezk[] = {
/* - - 文字:  0  - - */
/* - - 宋体 12;  此字体下对应的点阵为:宽*高= 8*16  - - */
0x00, 0xE0, 0x10, 0x08, 0x08, 0x10, 0xE0, 0x00, 0x00, 0x0F, 0x10, 0x20, 0x20, 0x10,
0x0F, 0x00,
/* - - 文字:  1  - - */
/* - - 宋体 12;  此字体下对应的点阵为:宽*高= 8*16  - - */
0x00, 0x10, 0x10, 0xF8, 0x00, 0x00, 0x00, 0x00, 0x00, 0x20, 0x20, 0x3F, 0x20, 0x20,
0x00, 0x00,
/* - - 文字:  2  - - */
/* - - 宋体 12;  此字体下对应的点阵为:宽*高= 8*16  - - */
0x00, 0x70, 0x08, 0x08, 0x08, 0x88, 0x70, 0x00, 0x00, 0x30, 0x28, 0x24, 0x22, 0x21,
0x30, 0x00,
/* - - 文字:  3  - - */
/* - - 宋体 12;  此字体下对应的点阵为:宽*高= 8*16  - - */
0x00, 0x30, 0x08, 0x88, 0x88, 0x48, 0x30, 0x00, 0x00, 0x18, 0x20, 0x20, 0x20, 0x11,
0x0E, 0x00,
/* - - 文字:  4  - - */
/* - - 宋体 12;  此字体下对应的点阵为:宽*高= 8*16  - - */
0x00, 0x00, 0xC0, 0x20, 0x10, 0xF8, 0x00, 0x00, 0x00, 0x07, 0x04, 0x24, 0x24, 0x3F,
0x24, 0x00,
/* - - 文字:  5  - - */
/* - - 宋体 12;  此字体下对应的点阵为:宽*高= 8*16  - - */
0x00, 0xF8, 0x08, 0x88, 0x88, 0x08, 0x08, 0x00, 0x00, 0x19, 0x21, 0x20, 0x20, 0x11,
0x0E, 0x00,
/* - - 文字:  6  - - */
/* - - 宋体 12;  此字体下对应的点阵为:宽*高= 8*16  - - */
0x00, 0xE0, 0x10, 0x88, 0x88, 0x18, 0x00, 0x00, 0x00, 0x0F, 0x11, 0x20, 0x20, 0x11,
0x0E, 0x00,
/* - - 文字:  7  - - */
/* - - 宋体 12;  此字体下对应的点阵为:宽*高= 8*16  - - */
0x00, 0x38, 0x08, 0x08, 0xC8, 0x38, 0x08, 0x00, 0x00, 0x00, 0x00, 0x3F, 0x00, 0x00,
0x00, 0x00,
/* - - 文字:  8  - - */
/* - - 宋体 12;  此字体下对应的点阵为:宽*高= 8*16  - - */
0x00, 0x70, 0x88, 0x08, 0x08, 0x88, 0x70, 0x00, 0x00, 0x1C, 0x22, 0x21, 0x21, 0x22,
0x1C, 0x00,
/* - - 文字:  9  - - */
```

```
/* - - 宋体 12;    此字体下对应的点阵为：宽 * 高= 8 * 16   - - * /
0x00, 0xE0, 0x10, 0x08, 0x08, 0x10, 0xE0, 0x00, 0x00, 0x00, 0x31, 0x22, 0x22, 0x11,
0x0F, 0x00,
/* - - 文字:    L  - - * /
/* - - 宋体 12;    此字体下对应的点阵为：宽 * 高= 8 * 16   - - * /
0x08, 0xF8, 0x08, 0x00, 0x00, 0x00, 0x00, 0x00, 0x20, 0x3F, 0x20, 0x20, 0x20, 0x20,
0x30, 0x00,
/* - - 文字:    C  - - * /
/* - - 宋体 12;    此字体下对应的点阵为：宽 * 高= 8 * 16   - - * /
0xC0, 0x30, 0x08, 0x08, 0x08, 0x08, 0x38, 0x00, 0x07, 0x18, 0x20, 0x20, 0x20, 0x10,
0x08, 0x00,
/* - - 文字:    D  - - * /
/* - - 宋体 12;    此字体下对应的点阵为：宽 * 高= 8 * 16   - - * /
0x08, 0xF8, 0x08, 0x08, 0x08, 0x10, 0xE0, 0x00, 0x20, 0x3F, 0x20, 0x20, 0x20, 0x10,
0x0F, 0x00,
/* - - 文字:    :  - - * /
/* - - 宋体 12;    此字体下对应的点阵为：宽 * 高= 8 * 16   - - * /
0x00, 0x00, 0x00, 0xC0, 0xC0, 0x00, 0x00, 0x00, 0x00, 0x00, 0x00, 0x30, 0x30, 0x00,
0x00, 0x00,
};
int code *hzkinx= "万年历月日闹钟";        //中文字库索引指针
char code *ezkinx= "0123456789LCD";      //ASCII 库索引指针
uchar shi, fen, miao;       //定义时、分、秒三个变量
uchar shi1, fen1;      //定义闹钟的时和分
uchar sz;       //设置变量
/* * * * * * * * * * * * * * 延时 2u * 0.1 ms 函数* * * * * * * * * * * * * /
void delay(uint i)
{
  while(i- - );
}
/* * * * * * * * * * * * * * 发送控制指令* * * * * * * * * * * * * * /
void wcmd(uchar cmd)       //写命令到 LCD 中
{
  rs= 0;       //向 LCD 发送命令
  rw= 0;
  P0= cmd;
  e= 1;
  e= 1;
  e= 1;
  e= 0;
}
/* * * * * * * * * * * * * * 发送显示数据* * * * * * * * * * * * * * /
void wdata(uchar data1)      //新加入的写数据命令
{
  rs= 1;
  rw= 0;
  P0= data1;
  e= 1;
```

```
    e= 1;
    e= 1;
    e= 0;
}
/* * * * * * * * 设置所要显示字符的页地址 * * * * * * * * * * * */
void setli(uchar li)      //设置页，0xb8 是页的首地址
{
  li| = 0xb8;
  wcmd(li);
}
/* * * * * * * * * * * * 设置显示的起始行 * * * * * * * * * * * */
void setst(uchar st)      //设定显示开始行，0xc0 是行的首地址
{
  st| = 0xc0;
  wcmd(st);
}
/* * * * * * * * * * * 设置所要显示字符的列地址 * * * * * * * * * */
void setco(uchar co)        //设定列地址 Y0~Y63，0x40 是列的首地址
{
  co| = 0x40;
  wcmd(co);
}
/* * * * * * * * * * * * * * 选屏函数 * * * * * * * * * * * * * * */
void sele(uchar scr)
{
  switch(scr)
  {
    case 0: cs1= 1, cs2= 1; break;
    case 1: cs1= 1, cs2= 0; break;
    case 2: cs1= 0, cs2= 1; break;
  }
}
/* * * * * * * * * * * 开关 12864 液晶屏函数 * * * * * * * * * * * */
void seton(uchar on)
{
  on| = 0x3e;
  wcmd(on);
}
/* * * * * * * * * * * * * * * 清屏函数 * * * * * * * * * * * * * * * */
void clea(uchar scr)
{
  uchar i, j;
  sele(scr);
  for(i= 0; i< 8; i++ )
  {
    setli(i);
    for(j= 0; j< 64; j++ )
```

```
    {
       setco(j);
       wdata(0x00);
    }
   }
}
/* * * * * * * * * * * * 12864液晶初始化函数* * * * * * * * * * * * /
void init_ 12864()      //初始化 LCD
{
  sele(0);
  seton(0);      //关显示
  sele(0);
  seton(1);      //开显示
  sele(0);
  clea(0);       //清屏
  setst(0);      //开始行：0
}
/* * * * * * * * * * * * 索引显示16*16的字符函数* * * * * * * * * * * /
void zi_ inx(uchar li, co, char *pstr)
                        //li为选页参数，co为选列参数，*pstr为指针
{
  uchar j, k;
  for(; *pstr; pstr+ = 2, co+ = 16)
  {
    if(co< 64)      //当列小于64列时选择第一屏
    sele(1);
    else      //当列大于64列时选择第二屏
    sele(2);
    for(k= 0; k< 100; k++ )
    if(* (int* )pstr= = hzkinx[k]) break;
    setli(li);      //写上半页
    setco(co&0x3f);      //控制列
    for(j= 0; j< 16; j++ )      //控制16列的数据输出
    {
      wdata(hzk[j+ 32 * k]);      //(j+ 32 * k)所取汉字的前16个数据
    }
    setli(li+ 1);      //写下半页
    setco(co&0x3f);
    for(j= 0; j< 16; j++ )
    {
      wdata(hzk[j+ 32 * k+ 16]);      //(j+ 32 * k+ 16)所取汉字的后16个数据输出
    }
  }
}
/* * * * * * * * * * * * 索引显示16*8的字符函数* * * * * * * * * * * /
```

```
void shu_ inx(uchar li, co, char *pstr)
                              //li 为选页参数，co 为选列参数，*pstr 为指针
{
  uchar j, k;
  for(; *pstr; pstr+ = 2, co+ = 8)
  {
    if(co< 64)      //当列小于 64 列时选择第一屏
    sele(1);
    else      //当列大于 64 列时选择第二屏
    sele(2);
    for(k= 0; k< 100; k++ )
    if(* (char* )pstr= = ezkinx[k]) break;
    setli(li);      //写上半页
    setco(co&0x3f);      //控制列
    for(j= 0; j< 8; j++ )      //控制 8 列的数据输出
    {
      wdata(ezk[j+ 16 * k]);      //(j+ 16 * k)所取汉字的前 8 个数据
    }
    setli(li+ 1);      //写下半页
    setco(co&0x3f);
    for(j= 0; j< 8; j++ )
    {
      wdata(ezk[j+ 16 * k+ 8]);      //(j+ 16 * k+ 8)所取汉字的后 8 个数据输出
    }
  }
}
/* * * * * * * * * * * * * 显示 16 * 8 的字符函数* * * * * * * * * * * * * * * * * /
void shu(uchar ss, li, co, nm)
                    //ss 为选屏参数，li 为选页参数，co 为选列参数，nm 为选第几个汉字输出
{
  int i;
  sele(ss);
  co&= 0x3f;
  setli(li);      //写上半页
  setco(co);      //控制列
  for(i= 0; i< 8; i++ )      //控制 16 列的数据输出
  {
    wdata(ezk[i+ 16 * nm]);      //(i+ 16 * nm)所取字符的前 8 个数据输出
  }
  setli(li+ 1);      //写下半页
    setco(co);      //控制列
  for(i= 0; i< 8; i++ )      //控制 16 列的数据输出
  {
    wdata(ezk[i+ 16 * nm+ 8]);      //(i+ 16 * nm+ 8)所取字符的后 8 个数据输出
```

```
  }
}
/* * * * * * * * * * * * 反显示 16 * 8 的字符函数* * * * * * * * * * * * * /
void fshu(uchar ss, li, co, nm)
              //ss 为选屏参数，li 为选页参数，co 为选列参数，nm 为选第几个汉字输出
{
  int i;
  sele(ss);
  co&= 0x3f;
  setli(li);       //写上半页
  setco(co);       //控制列
  for(i= 0; i< 8; i++ )
  {
    wdata(~ezk[i+ 16 * nm]);      //(i+ 16 * nm)所取字符的前 8 个数据输出反显
  }
  setli(li+ 1);
  setco(co);
  for(i= 0; i< 8; i++ )
  {
    wdata(~ezk[i+ 16 * nm+ 8]);      //(i+ 16 * nm+ 8)所取字符的后 8 个数据输出反显
  }
}
/* * * * * * * * * * * * * * * * * 定时器 0* * * * * * * * * * * * * * * * * * * /
void time()interrupt 1
{
  uint ys;     //延时定义
  TR0= 0;
  TH0= 0xfc;
  TL0= 0x66;
  ys++ ;      //延时加
  if(ys> = 1000)    //当延时大于 1000 后，秒加 1。
  {
    miao++ ;
    if(miao> = 60)     //当秒等于 60 时，分加 1
    {
      miao= 0;
      fen++ ;
      if(fen> = 60)     //当分大于 60 的时候，时加 1
      {
        fen= 0;
        shi++ ;
        if(shi> = 24)     //当时大于 24 的时候，时清零
        {
          shi= 0;
        }
      }
```

```
        }
        ys= 0;      //延时清零
    }
    TR0= 1;
}
void main()
{
    TMOD= 0x01;
    TH0= 0xfc;
    TL0= 0x66;
    EA= 1;
    ET0= 1;
    TR0= 1;
    fmq= 0;
    init_ 12864();      //LCD12864初始化
    while(1)
    {
        shu_ inx(0, 8,"L C D 1 2 8 6 4 ");
        zi_ inx(0, 72,"万年历");
        shu_ inx(2, 8,"2 0 1 5 ");
        zi_ inx(2, 40,"年");
        shu_ inx(2, 56,"0 2 ");
        zi_ inx(2, 72,"月");
        shu_ inx(2, 88,"2 7 ");
        zi_ inx(2, 102,"日");
        shu(1, 4, 32, shi/10%10);      //初始时间小时的十位
        shu(1, 4, 40, shi%10);          //初始时间小时的个位
        shu(1, 4, 48, 13);
        shu(1, 4, 56, fen/10%10);       //初始时间分钟的十位
        shu(2, 4, 0, fen%10);          //初始时间分钟的个位
        shu(2, 4, 8, 13);
        shu(2, 4, 16, miao/10%10);      //初始时间秒的十位
        shu(2, 4, 24, miao%10);        //初始时间秒的个位
        zi_ inx(6, 24,"闹钟");
        if(sz= = 0)     //当设置等于零的时候显示正常时间
        {
            shu(2, 6, 0, shi1/10%10);
            shu(2, 6, 8, shi1%10);
            shu(2, 6, 16, 13);
            shu(2, 6, 24, fen1/10%10);
            shu(2, 6, 32, fen1%10);
        }
        if((shi= = shi1)&&(fen> = fen1))     //当时间等于闹钟设置时间时，闹钟响
        {
        fmq= 1;
        led= 0;
        if((shi= = shi1)&&(fen> = fen1+ 1))      //设置闹钟时间为一分钟
```

```
        {
          fmq= 0;
          led= 1;
        }
}
else    //其他情况下闹钟不响
{
    fmq= 0;
    led= 1;
}
if(sz! = 1)    //当设置不等于1时，第一位正常显示
{
    shu(2, 6, 0, shi1/10%10);
}
if(sz! = 2)    //当设置不等于2时，第二位正常显示
{
    shu(2, 6, 8, shi1%10);
}
if(sz! = 3)    //当设置不等于3时，第三位正常显示
{
    shu(2, 6, 24, fen1/10%10);
}
if(sz! = 4)    //当设置不等于4时，第四位正常显示
{
shu(2, 6, 32, fen1%10);
}
if(sb1= = 0)    //时间加
{
    delay(14000);    //按键去抖动
    if(sb1= = 0)
    {
      if((sz= = 1)&&(shi1< 20))
                  //当第一下按键按下时，设置时间小时十位，设置位反显
      {
        shi1= shi1+ 10;
        fshu(2, 6, 0, shi1/10%10);
      }
      if((sz= = 2)&&(shi1< 23))
                  //当第二下按键按下时，设置时间小时个位，设置位反显
      {
        shi1++ ;
        fshu(2, 6, 8, shi1%10);
      }
      if((sz= = 3)&&(fen1< 50))
                  //当第三下按键按下时，设置时间分钟十位，设置位反显
      {
        fen1= fen1+ 10;
        fshu(2, 6, 24, fen1/10%10);
```

```
    }
    if((sz= = 4)&&(fen1< 59))
                    //当第四下按键按下时，设置时间分钟个位，设置位反显
    {
      fen1++ ;
      fshu(2, 6, 32, fen1%10);
    }
  }
}
if(sb2= = 0)      //时间减
{
  delay(14000);      //按键去抖动
  if(sb2= = 0)
  {
    if((sz= = 1)&&(shi1> 9))
    {
      shi1= shi1- 10;
      fshu(2, 6, 0, shi1/10%10);
    }
    if((sz= = 2)&&(shi1> 0))
    {
      shi1- - ;
      fshu(2, 6, 8, shi1%10);
    }
    if((sz= = 3)&&(fen1> 9))
    {
      fen1= fen1- 10;
      fshu(2, 6, 24, fen1/10%10);
    }
    if((sz= = 4)&&(fen1> 0))
    {
      fen1- - ;
      fshu(2, 6, 32, fen1%10);
    }
  }
}
    if(sb3= = 0)      //确认按键，设置完成后，按确认按键
    {
      delay(14000);
      if(sb3= = 0)
      {
        sz= 0;
      }
    }
  if(sb4= = 0)      //设置按键，每按一下设置其中一位
  {
    delay(14000);
    if(sb4= = 0)
```

```
    {
     sz++ ;
     if(sz= = 1)
     {
       fshu(2, 6, 0, shi1/10%10);
     }
     if(sz= = 2)
     {
       fshu(2, 6, 8, shi1%10);
     }
     if(sz= = 3)
     {
       fshu(2, 6, 24, fen1/10%10);
     }
     if(sz= = 4)
     {
       fshu(2, 6, 32, fen1%10);
     }
     if(sz> 4)
     {
       sz= 1;
     }
    }
   }
  }
}
```

3. 程序说明

本系统充分结合初学者的实际，降低了万年历的难度，系统功能却灵活实用。程序中较多的运算符及关系式的运用，让学生更加生动地体会到C语言的魅力和特点，有助于提高学生的编程能力。

5.3.3.5 任务实施步骤

(1)硬件电路连接。按照图5-10所示的硬件电路接线图，选择所需的模块并进行布局，然后将电源模块、主机模块、指令模块和液晶显示模块用导线进行连接。单片机使用仿真器的仿真头来代替接入。

(2)打开 MedWin 软件，通过执行菜单"项目管理"→"新建项目"命令，新建立一个工程项目12864WNL，然后再建一个文件名为12864WNL.C的源程序文件，将上面的参考程序输入并保存。

(3)单击"重新产生代码并装入"按钮或使用【Ctrl】+【F9】快捷键，对源程序进行编译和链接，产生目标代码并装入仿真器中。

(4)单击"运行"，用按键设置，观察 LCD12864 是否符合任务运行要求。

5.3.3.6 任务评价

任务完成后要填写任务评价表，见表5-6。

表 5-6 任务三完成情况评价表

任务名称			评价时间		年 月 日		
小组名称		小组成员					
评价内容	评价要求	权重	评价标准	学生自评得分	小组评价得分	教师评价得分	合计
职业与安全意识	(1)工具摆放、操作符合安全操作规程； (2)遵守纪律，爱惜设备和器材，工位整洁； (3)具有团队协作精神	10%	好(10) 较好(8) 一般(6) 差(<6)				
模块的布局和布线工艺	(1)模块布局合理，模块的选择应符合要求； (2)根据需要选择不同颜色的导线进行连接，导线连接应可靠，走线合理，扎线整齐、美观	15%	好(15) 较好(12) 一般(9) 差(<9)				
任务功能测试	(1)编写的程序能成功编译； (2)程序能正确烧写到芯片中； (3)通过按下四个按键，分别能实现不同功能； (4)12864 液晶模块显示内容正确； (5)系统当无按键按下时，能正常运行	60%	好(60) 较好(45) 一般(30) 差(<30)				
问题与思考	(1)如何显示 6×12 点阵格式的汉字？ (2)汉字可以利用指针索引显示，如何用同样的方法显示数字	15%	好(15) 较好(12) 一般(9) 差(<6)				
教师签名			学生签名			总分	
任务评价＝学生自评(0.2)＋小组评价(0.3)＋教师评价(0.5)							

5.4 知识拓展

本项目详细介绍了 LCD12864 显示数字、字符的相关知识和如何编写相关的驱动程序。但是，在实际的生活中 LCD12864 还能显示许多内容，下面介绍 LCD12864 如何显示图形函数。

5.4.1 12864 液晶画点函数

12864 液晶画点参考程序　　　　12864WNL1. C

```c
void pos(uchar x, uchar y)
{
  if(y< 64) xp(1);
  else {y- = 64; xp(2);}
  command(0xb8+ x);
  command(0x40+ y);
}

void wpos(uchar x, uchar y, uchar dat)
{
  pos(x, y);
  datalcd(dat);
}

uchar rpos(uchar x, uchar y)
{
  uchar dat;
  pos(x, y);
  dat= rdata();
  dat= rdata();
  return(dat);
}

void dot(uchar x, uchar y, uchar at)
{
  uchar yy, p, t;
  yy= y> > 3;
  p= rpos(yy, x);
  t= 0x01< < (y&0x07);
  if(at) p| = t;
  else p&= ~t;
  wpos(yy, x, p);
}
```

5.4.2 12864 液晶画图形函数

12864 液晶画图形参考程序　　　　12864WNL2. C

```c
void zfx(uchar x, y, r, at)
//at= 1 表示画方
//at= 0 表示删方
//x 为中心点横坐标
```

```
//y中心点纵坐标
//r边长一半
{
  uchar dx, dy= r;
  for(dx= 0; dx< = r; dx++ )
  {
    while((r * r+ 1+ dx * dx)< (dy * dy)) dy- - ;
    dot(x+ dx, y- dy, 1);
    dot(x- dx, y- dy, 1);
    dot(x- dx, y+ dy, 1);
    dot(x+ dx, y+ dy, 1);
    dot(x+ dy, y- dx, 1);
    dot(x- dy, y- dx, 1);
    dot(x- dy, y+ dx, 1);
    dot(x+ dy, y+ dx, 1);
  }
}
void yuan(uchar x, y, r, at)
//at= 1画圆
//at= 0删圆
//x圆心横坐标
//y圆心纵坐标
//r圆半径
{
  uchar dx, dy= r;
  for(dx= 0; dx< = r; dx++ )
  {
    while((r * r+ 1- dx * dx)< (dy * dy)) dy- - ;
    dot(x+ dx, y- dy, 1);
    dot(x- dx, y- dy, 1);
    dot(x- dx, y+ dy, 1);
    dot(x+ dx, y+ dy, 1);
    dot(x+ dy, y- dx, 1);
    dot(x- dy, y- dx, 1);
    dot(x- dy, y+ dx, 1);
    dot(x+ dy, y+ dx, 1);
  }
}
```

5.5 思考与练习

1. 使用 YL—236 单片机实训考核平台完成任务一 12864 液晶显示数字的模拟制作。

2. 使用 YL—236 单片机实训考核平台完成任务二 12864 液晶显示字符的模拟制作。

3. 使用 YL—236 单片机实训考核平台完成任务三 12864 液晶万年历的模拟制作。

4. 试着把任务三所显示的内容，按照一定的速度向上、向下、向左、向右滚动。

食品搅拌机控制器的制作

6.1　项目介绍

食品搅拌机可用于搅拌水果、奶油、各种馅料、蛋液等，在我们生活中的应用非常广泛，常见的食品搅拌机如图 6-1 所示。食品搅拌机的核心部件是电机，根据搅拌对象的不同，选择不同的搅拌器具，通过电机带动搅拌器具旋转，将各种食品原料打碎或搅拌均匀，实现搅拌功能。根据搅拌机的功能要求的不同，可选择不同的电机种类和参数。

由于电机的功耗通常较大，同时考虑到干扰问题，因此不能用单片机直接驱动。根据对电机工作的要求和所选用的电机种类，可采用不同的驱动控制电路。如

图 6-1　常见的食品搅拌机

果只需要控制电机单向转动或双向转动时，可采用大功率三极管、场效应管、继电器或 H 桥电路来驱动电机。当需要进行电机调速时，可采用 PWM 调速或专用驱动芯片等。YL—236 实训平台中，配备有 MCU05 继电器模块和 MCU08 交直流电机控制模块。

6.2　项目知识

6.2.1　继电器简介

继电器是自动控制电路中一种常用的具有隔离功能的自动开关元件，是利用电磁原理、机电原理或其他方法实现自动接通或断开一个或一组接点、完成电路功能的开关。继电器可以用小电流或低电压控制大电流或高电压，在电路中起着自动操作、自动调节、安

全保护等作用，广泛应用于自动控制、遥控、遥测、机电一体化设备、电力电子设备等电路中。常见的继电器如图 6-2 所示。

图 6-2 常见的继电器

继电器的种类有很多，在单片机应用系统中，常用的有电磁继电器和固态继电器等。电磁继电器是利用电磁铁控制工作电路通断的开关。固态继电器是由固态半导体器件组成的无触点的电子开关。YL—236 实训平台中 MCU05 继电器模块中所采用的就是电磁继电器。

电磁继电器内部结构图如图 6-3 所示，是由一个带铁芯的线圈、一组或几组带触点的簧片和衔铁组成。当在线圈两端加上一定的电压，线圈中就会流过一定的电流，从而产生电磁效应，衔铁就会在电磁力吸引的作用下克服弹簧的弹力被吸向铁芯，从而带动衔铁的动触点与静触点吸合（3、4 吸合）。当线圈断电后，电磁的吸力也随之消失，衔铁就会在弹簧的弹力作用下返回原来的位置，使动触点与静触点吸合（1、2 吸合）。

继电器线圈未通电时处于断开状态的静触点，称为"常开触点"，简称 NO；处于接通状态的静触点称为"常闭触点"，简称 NC；动触点称为公共端，简称 COM。继电器的电路图形符号如图 6-4 所示。

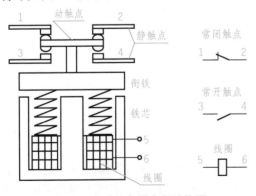

图 6-3 电磁继电器内部结构图

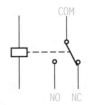

图 6-4 继电器的电路图形符号

YL—236 实训平台的 MCU05 继电器模块中共有六路继电器，我们来分析其中一路继电器驱动电路的工作原理，如图 6-5 所示。控制部分是 5 V 电源系统，通过光电耦合器与执行机构的 12 V 电源隔离。当 CONTROL 端置为低电平时，光电耦合器的发光二极管点亮，光敏三极管导通，12 V 电源经 1 kΩ 电阻流向 ULN2003 驱动芯片，ULN2003 输出低电平带动继电器动作。

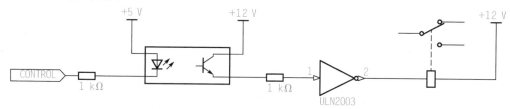

图 6-5 继电器的驱动电路

MCU05 继电器模块的总电路如图 6-6 所示。

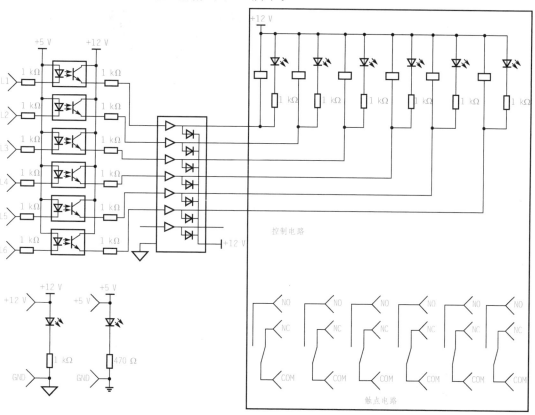

图 6-6 MCU05 继电器模块的总电路

6.2.2　直流减速电机介绍

电机是指依据电磁感应定律实现电能转换或传递的一种电磁装置。它的主要作用是产生驱动转矩，作为用电器或各种机械的动力源。根据所用的电源不同，电机可分为直流电机和交流电机。直流电机是依靠直流工作电压运行的电动机,广泛应用于收录机、录像机、影碟机、电动剃须刀、电吹风、电子表、玩具等。交流电机是依靠交流电压运行的电动机,广泛应用于电风扇、电冰箱、洗衣机、空调器、吸尘器等家用电器及各种电动工具、小型机电设备中。

直流减速电机,即齿轮减速电机,是在普通直流电机的基础上,加上配套齿轮减速箱,通过齿轮减速箱的作用,提供较低的转速和较大的力矩。同时,齿轮箱不同的减速比可以提供不同的转速和力矩,以便满足不同场合的要求。直流减速电机广泛应用于舞台灯具、电动旋转产品、科教仪器、医疗商务等领域。常见的直流电机和直流减速电机如图6-7所示。

YL—236实训平台的MCU08交直流电机模块中,有一个直流减速电机,一个同步交流电机。

图6-7　常见的直流电机和直流减速电机

6.3　项目操作训练

6.3.1　任务一　食品搅拌机控制器的制作

6.3.1.1　任务要求

1. 食品搅拌机控制器描述及有关说明

(1)独立按键SB1:实现电机启动/停止功能。

(2)独立按键SB2:实现电机旋转方向切换功能。

(3)继电器:用来控制直流电机的启动、停止和正反转。

2. 系统控制要求

系统上电,直流电机不工作。按下"启动/停止"按键,直流电机顺时针旋转,再次按下"启动/停止"按键,直流电机停止旋转。按下"旋转方向"键,改变直流电机的旋转方向。

6.3.1.2　任务分析

通过外接继电器,改变直流电机M+、M一与24 V、24VGND的连接方式,就可以控制直流电机的启动、停止以及改变直流电机的旋转方向。如图 6-8 所示，将直流电机的 M＋接继电器 JK5 的 COM 端，直流电机的 M－接继电器 JK6 的 COM 端，JK5 的 NC 和 JK6 的 NO 短接，并接到电源模块的 24 V，JK5 的 NO 和 JK6 的 NC 短接，并接到电源模块的 24VGND。图中，KA5 和 KA6 分别是继电器 JK5、JK6 的控制端；当 KA5、KA6 均为高电平时，即两个继电器都不吸合，则直流

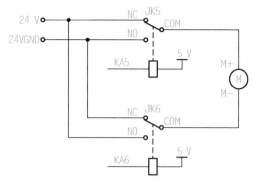

图 6-8 直流电机驱动电路

电机的 M＋与 24 V 相通，M－与 24VGND 相通，因此直流电机顺时针旋转；当 KA5、KA6 均为低电平时，即两个继电器都吸合，则直流电机的 M＋与24VGND 相通，M－与 24 V 相通，因此直流电机逆时针旋转；当 KA5 为高电平，KA6 为低电平时，即 JK5 继电器不吸合，JK6 继电器吸合，则直流电机的 M＋和 M－均与 24 V 相通，因此直流电机停止；当 KA5 为低电平，KA6 为高电平时，即 JK5 继电器吸合，JK6 继电器不吸合，则直流电机的 M＋和 M－均与 24VGND 相通，因此直流电机停止。

6.3.1.3 硬件电路

使用 YL—236 实训考核装置模拟实现本任务，其硬件模块接线如图 6-9 所示。

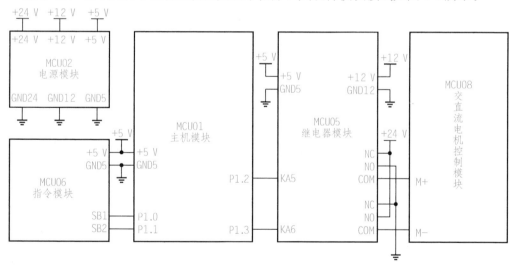

图 6-9 食品搅拌机模块接线图

该电路由电源模块、主机模块、指令模块、继电器模块、交直流电机控制模块中的直流减速电机共同组合而成。

将指令模块的 SB1、SB2 连接到主机模块的 P1.0、P1.1 端口，其中 SB1 用作"启动/停止"按键，SB2 用作"旋转方向"切换按键。将继电器 JK5 和 JK6 的控制端 KA5 和 KA6 分别连接到主机模块的 P1.2、P1.3 端口。继电器 JK5 的 COM 端接直流减速电机的 M＋，

继电器 JK6 的 COM 端接直流减速电机的 M—，继电器 JK5 的 NC 端和继电器 JK6 的 NO 端接 24 V，继电器 JK5 的 NO 端和继电器 JK6 的 NC 端接 24VGND。

6.3.1.4 任务程序的编写

1. 主函数流程图

食品搅拌机主函数流程图如图 6-10 所示。

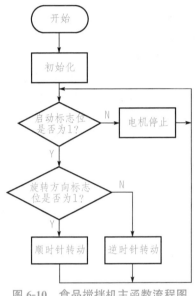

图 6-10 食品搅拌机主函数流程图

2. 参考程序

根据图 6-10 食品搅拌机主函数流程图编写程序，其程序如下：

	食品搅拌机参考程序	SPJBJ. C

```
#include "reg52.h"
#define   ON   1
#define   OFF  0
bit RUN_ or_ STOP= OFF;      //"启动/停止"标志位。ON：启动；OFF：停止
bit CW_ or_ CCW= OFF;        //"旋转方向"标志位。ON：顺时针；OFF：逆时针


/* * * * * * * * * * * * * 读键函数 * * * * * * * * * * * * * * * /
sbit SB1 =  P1^0 ;      //独立按键 SB1 接在 P1.0 口
sbit SB2 =  P1^1 ;      //独立按键 SB2 接在 P1.1 口
void Read_ Key()
{
  static unsigned int ms;
  if(SB1= = 0 ‖ SB2= = 0)    //判断按键有无按下
  {
```

```
    if(++ ms= = 100)    //防抖动
    {
      if(SB1= = 0)RUN_ or_ STOP= ! RUN_ or_ STOP;    //启动或停止
      if(SB2= = 0)CW_ or_ CCW= ! CW_ or_ CCW;    //顺时针或逆时针
    }
  }
  else ms= 0;    //计时清零
}


/* * * * * * * * * * * * 定时中断响应函数* * * * * * * * * * * * /
void TIME0_ ROUTING()  interrupt 1
{
  TH0= 0xfc;    //1ms 定时器@ 11.0592MHz
  TL0= 0x66;    //1ms 定时器@ 11.0592MHz
  Read_ Key();    //调用读键函数
}


/* * * * * * * * * * * * 定时 0 初始化函数* * * * * * * * * * * * /
void INIT_ TIME0()
{
  TMOD= 0x01;    //设置模式
  TH0= 0xfc;    //11.0592MHz 下
  TL0= 0x66;    //1ms 定时器
  ET0= 1;    //允许中断标志位
  TR0= 1;    //开始计时标志位
  EA= 1;    //中断总开关
}


/* * * * * * * * * * * * 主函数* * * * * * * * * * * * * * /
sbit KA5 =  P1^2 ;    //继电器 JK5 的控制端 KA5 接在 P1.2 口
sbit KA6=  P1^3 ;    //继电器 JK6 的控制端 KA6 接在 P1.3 口
void main()
{
  INIT_ TIME0();
  while (1)
  {
  if(RUN_ or_ STOP= = ON)    //当启停标志位打开时，电机旋转
  {
  if(CW_ or_ CCW= = ON)    //当旋转方向标志位为 1 时，顺时针转动
  { KA5= 1; KA6= 0;
  }
else if(CW_ or_ CCW= = OFF)    //当旋转方向标志位为 0 时，逆时针转动
  {
  KA5= 0; KA6= 1;
  }
  }
  else
  {
  KA5= 1; KA6= 1;    //电机停止转动
  }
}
```

3. 程序说明

本程序通过 SB1 控制直流电机的启动和停止，通过 SB2 控制直流电机的旋转方向。其中位变量 RUN _ or _ STOP 用来标志直流电机的启停。位变量 CW _ or _ CCW 用来标志直流电机的旋转方向。Read _ Key（）函数用来读取按键指令。

6.3.1.5 任务实施步骤

（1）硬件电路连接。按照图 6-9 所示的硬件电路接线图，选择所需的模块并进行布局，然后将电源模块、主机模块、指令模块、继电器模块、交直流电机控制模块等用导线进行连接。单片机使用仿真器的仿真头来代替接入。

（2）打开 MedWin 软件，通过执行菜单"项目管理"→"新建项目"命令，新建立一个工程项目 SPJBJ，然后再建一个文件名为 SPJBJ.C 的源程序文件，将上面的参考程序输入并保存。

（3）单击"重新产生代码并装入"按钮或使用【Ctrl】+【F9】快捷键，对源程序进行编译和链接，产生目标代码并装入仿真器中。

（4）接通电源，让仿真器运行，观察电源指示灯是否亮起。通过 SB1 按键操作启动直流电机，观察直流电机的旋转方向；通过 SB2 按键改变直流电机的旋转方向，观察直流电机旋转方向的改变。

（5）进行扎线，整理。

6.3.1.6 任务评价

任务完成后要填写任务评价表，见表 6-1。

表 6-1 任务完成情况评价表

任务名称			评价时间		年 月 日		
小组名称		小组成员					
评价内容	评价要求	权重	评价标准	学生自评得分	小组评价得分	教师评价得分	合计
职业与安全意识	（1）工具摆放、操作符合安全操作规程； （2）遵守纪律，爱惜设备和器材，工位整洁； （3）具有团队协作精神	10%	好（10） 较好（8） 一般（6） 差（<6）				
模块的布局和布线工艺	（1）模块布局合理，模块的选择应符合要求； （2）根据需要选择不同颜色的导线进行连接，导线连接应可靠，走线合理，扎线整齐、美观	15%	好（15） 较好（12） 一般（9） 差（<9）				

续表

评价内容	评价要求	权重	评价标准	学生自评得分	小组评价评得分	教师评价得分	合计
任务功能测试	(1)编写的程序能成功编译； (2)通过按下启动按键能够使直流电机旋转； (3)通过按下旋转方向按键能改变电机的转动方向； (4)再次按下启动按键能使直流电机停止	60%	好(60) 较好(45) 一般(30) 差(<30)				
问题与思考	(1)继电器控制直流电机的接线还有没有其他方法？如果改变接线方法，程序需要如何相应的修改？ (2)如果采用电机模块中的PRI端子来控制电机的启停，如何接线和编程	15%	好(15) 较好(12) 一般(9) 差(<6)				
教师签名			学生签名			总分	
任务评价＝学生自评(0.2)＋小组评价(0.3)＋教师评价(0.5)							

6.4 知识拓展

电机保护电路

电机运行过程中为了人身和设备的安全，往往需要有额外的安全防护措施。YL—236单片机实训平台的直流电机模块中有一个保护电路，如图6-11所示。当PRI端子高电平时，三极管截止，保护继电器不动作，电机可以正常运转；当PRI端子低电平时，三极管导通，保护继电器动作，切断电机电源，电机立即停止运转。

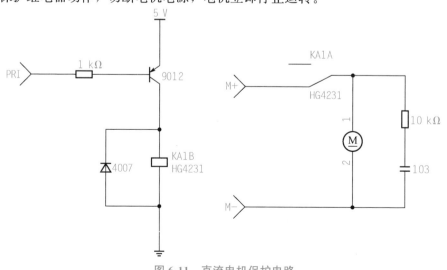

图6-11 直流电机保护电路

6.5　思考与练习

1. 使用 YL—236 单片机实训考核平台完成食品搅拌机控制器的模拟制作。

2. 考虑一下，利用继电器控制直流电机还有哪些接线方法？采用哪种方法最为合理？请画出电路连接图，并分析其工作过程。

数字电压表的制作

7.1 项目介绍

　　电压是表征电信号的基本参数之一，是最常用的表征电信号能量大小的基本参数。在电量的测量中，电压的测量是最经常的。许多其他电量的测量，如电流、功率等，都可以转换为电压的测量。电子电路的很多性能指标，例如放大电路的增益、灵敏度、幅频特性等，也都离不开对电压量的测量。另外，对于很多非电量的测量，如温度、压力等，也是利用传感器将非电量转换成电压信号从而实现的。因此，电压表是一种常用的测量仪器。相对于指针式电压表而言，数字电压表可将测得的电压值直接以数字显示在显示器上，读数准确，使用方便，并且具有精度高、误差小、灵敏度高和分辨率高、测量速度快的特点，应用非常广泛。图 7-1 所示为常见的数字电压表。

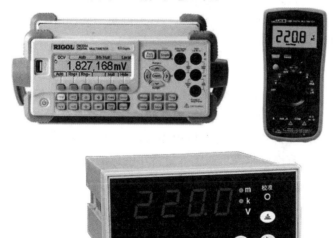

图 7-1　常见的数字电压表

　　数字电压表是采用数字化测量技术，通过 A/D 转换器件将模拟量的电压值转变为数字量，再由单片机进行处理，并将处理结果送到显示器上，这样就完成了电压测量的功能。数字电压表根据所使用的 A/D 转换器、内部电路、处理单元等的不同，其测量范围和测量精度也有所区别。YL—236 实训平台中配备一套 ADC/DAC 模块——MCU07，其中包含 ADC 模块、DAC 模块、电压源、电平指示、时钟源。

7.2 项目知识

7.2.1 A/D 转换器简介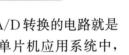

A/D 转换就是模/数转换，即将模拟量转换成数字量。能够实现 A/D 转换的电路就是 A/D 转换器，简称 ADC。由于单片机只能加工和处理数字量，而在单片机应用系统中，一些被测参数常常是一些连续变化的模拟量，这时候就需要使用 A/D 转换器，将外部连续变化的模拟量转换成数字量后送入单片机中进行处理。

A/D 转换器按工作原理可分为逐次逼近式、双积分式、电压频率式和并行式。其中最常用的是逐次逼近式和双积分式 A/D 转换器。

A/D 转换器的性能指标主要有以下几种。

1. 转换时间

转换时间是指完成一次 A/D 转换所需要的时间。不同类型的 A/D 转换器具有不同的转换时间。转换时间越短，转换的速度越快。其中并行比较式 A/D 转换器的转换速度最快，8 位二进制输出的单片集成 A/D 转换器转换时间可达到 50 ns 以内，逐次比较式 A/D 转换器次之，一般在 10～50 μs 以内。

2. 分辨率

分辨率是指 A/D 转换器对输入信号的分辨能力。分辨率通常用 A/D 转换器输出的二进制数的位数表示。理论上，n 位输出的 A/D 转换器能区分 2^n 个不同等级的输入模拟电压，因此能区分输入电压的最小值为满量程输入的 $1/2^n$。当最大输入电压一定时，A/D 转换器的位数越多，分辨率就越高，对输入量微小变化的反应越灵敏。

3. 转换精度

A/D 转换器的精度是指与数字输出量所对应的模拟输入量的实际值与理论值之间的差值。

在实际工作中，应根据系统对转换时间、分辨率、转换精度等的要求进行综合考虑，选用合适的 A/D 转换器。

7.2.2 ADC0809 简介

ADC0809 是 8 位数字输出的逐次逼近式 A/D 转换器，有 8 路模拟量输入，且有三态输出能力，既可与各种微处理器相连，也可单独工作。YL—236 实训平台中使用的就是

DIP28 封装的 ADC0809。其实物外形与封装图如图 7-2 所示。

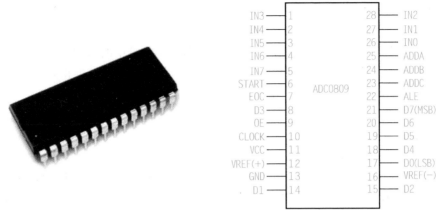

图 7-2　AD0809 实物图与封装图

1. ADC0809 的内部结构

ADC0809 的内部结构框图如图 7-3 所示，主要由 8 路模拟量开关、地址锁存与译码器、8 位逐次逼近式 A/D 转换器、三态输出锁存器等电路组成。

IN0～IN7：8 个模拟量输入通道。ADC0809 要求输入模拟量的电压范围为 0～5 V。

ADDA、ADDB、ADDC：3 位地址输入线，用于选择模拟输入通道，其地址状态与所选通道的对应关系如表 7-1 所示。

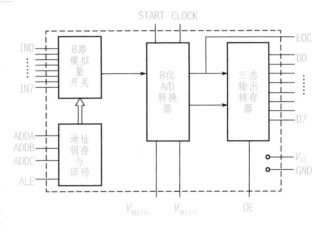

图 7-3　ADC0809 内部结构图

表 7-1　通道选择表

ADDC	ADDB	ADDA	选择的通道
0	0	0	IN0
0	0	1	IN1
0	1	0	IN2
0	1	1	IN3
1	0	0	IN4
1	0	1	IN5
1	1	0	IN6
1	1	1	IN7

ALE：地址锁存允许信号。在对应 ALE 上跳沿，ADDA、ADDB、ADDC 地址状态送入地址锁存器中，经译码后输出选择模拟输入通道。

START：A/D 转换启动信号，高电平有效。

CLOCK：外部时钟脉冲输入端。通常使用频率为 500 kHz 的时钟信号。

OE：输出允许信号。用于控制三态输出锁存器向单片机输出转换得到的数据。OE＝0，输出数据线呈高阻；OE＝1，输出转换得到的数据。

EOC：转换结束信号。EOC＝0，正在进行转换；EOC＝1，转换结束。该信号既可作为查询的状态标志，又可以作为中断请求信号使用。

D0～D7：8 位数字量输出端。

$V_{REF(+)}$、$V_{REF(-)}$：参考电压输入端，用于和输入的模拟信号进行比较，作为逐次逼近的基准。一般 $V_{REF(+)}$ 接＋5 V，$V_{REF(-)}$ 接地。

V_{CC}、GND：电源端，V_{CC} 接＋5 V，GND 接地。

2. ADC0809 的时序

ADC0809 的工作时序如图 7-4 所示，3 位地址信号输入到 ADDA、ADDB、ADDC 地址线上，当 ALE 信号上升沿有效时，锁存地址并选中相应通道。当检测到 START 信号有效时，开始转换。A/D 转换结束时，EOC 信号输出高电平。当检测到 OE 信号有效时，允许输出转换结果。

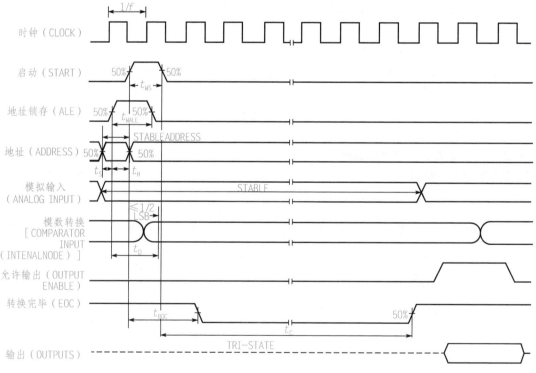

图 7-4　ADC0809 的工作时序图

3. ADC0809 与单片机的接口

ADC0809 与单片机的接口方式有两种，一种是采用分立 I/O 口的方法与单片机连接，按照 ADC0809 的工作时序要求，进行 ADC0809 的启动与数据读取等工作，采用这种方法的电路连接简单，编程较为复杂。另一种是采用总线方式与单片机连接，由于 AD0809 具有三态输出锁存器，故其数据输出引脚可直接与单片机的数据总线相连，采用这种方式的电路连接较为复杂，但编程简单。

7.3 项目操作训练

数字电压表的制作（项目实施）

7.3.1 任务一 数字电压表的制作

7.3.1.1 任务要求

1. 数字电压表描述及有关说明

（1）显示：由 8 位数码管组成，实现测量数据的显示。
（2）键盘：独立按键 SB1，实现"启动/停止"功能。
（3）ADC0809：将电压源的模拟电压转换成数字量。
（4）电压源：用来提供被测电压。

2. 系统控制要求

系统上电，数码管不显示。按下"启动/停止"按键，开始测量电压源的电压，并在数码管左起两位显示电压，精确到小数点后一位。调整电压源，显示值应及时更新显示。若再按下"启动/停止"按键，则数码管不显示，系统停止工作。

7.3.1.2 任务分析

1. 单片机总线方式控制 ADC0809 的具体步骤

由于 ADC0809 具有三态输出锁存器，因此本任务中可以采用总线方式与单片机连接。

在 YL—236 实训装置中，A/D 转换模块内部电路如图 7-5 所示。将 ADC0809 的 ALE 和 START 脚连在一起，以使得锁存通道地址的同时启动 ADC0809 转换。启动信号由单片机的写信号和片选信号经或非门而发生。在读取转换结果时，用单片机的读信号和片选信号经或非门得到的正脉冲作为 OE 信号去打开三态输出锁存器。这样我们就可以利用单片机的读、写控制来对 ADC0809 进行操作。

总线方式控制 ADC0809 的步骤如下：当单片机产生写信号时，由或非门产生启动信号 START 和地址锁存信号 ALE，同时将通道地址 ADDA、ADDB、ADDC 送地址总线。

被采集的模拟量信号通过选中的输入通道送到 A/D 转换器,并在 START 引脚的下降沿开始进行转换。当转换结束时,EOC 引脚由 0 变 1。单片机查询到 EOC 结束信号后,发出读信号,由或非门产生 OE 输出信号,将 A/D 转换结果读入单片机。

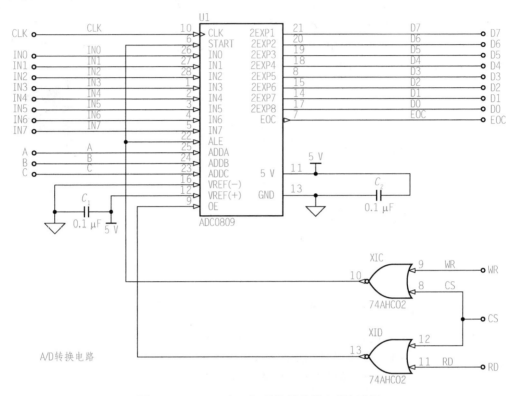

图 7-5　YL—236 中 A/D 转换模块的内部电路图

2. 如何得到被测量的电压值

ADC0809 检测到的是数字量,需要通过公式计算,将数字量转换成所测得的输入端的电压。转换公式如下:

$$V_{\text{IN}} = \text{ADC0809 采样数值} \times \text{基准电压}/255$$

YL—236 实训平台中,ADC0809 的基准电压就是电源电压,若电源电压为 5 V 时,当前被测电压值为:

$$V_{\text{IN}} = \text{ADC0809 采样数值} \times 5/255$$

这样得到的电压值仅有整数部分,如要保留两位小数,则计算公式可修改为:

$$V_{\text{IN}} = \text{ADC0809 采样数值} \times 500/255$$

7.3.1.3　硬件电路

使用 YL—236 实训考核装置模拟实现本任务,其硬件模块接线如图 7-6 所示。

该电路由单片机的电源模块、主机模块、显示模块中的数码管显示、指令模块中的独立按键、ADC/DAC 模块中的 ADC0809 电路共同组合而成。

将电压源的输出端连接到 A/D 转换模块的 IN0 输入端。采用单片机的 P2.5 端口作为 ADC0809 的片选信号。地址码引脚 ADDA、ADDB、ADDC 分别与单片机地址总线的低 3 位 P0.2、P0.1、P0.0 相连，以选通 IN0～IN7 中的一个通道。EOC 与单片机的 P1.1 端口连接，以读取转换结束信号。CLK 端接 ADC/DAC 模块的时钟源输出，时钟源可通过跳线器选择 500 kHz。

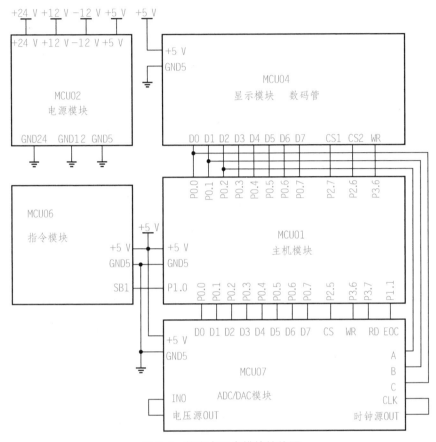

图 7-6　数字电压表模块接线图

7.3.1.4　任务程序的编写

1. 主函数流程图

数字电压表主函数流程图如图 7-7 所示。

数字电压表的
制作（程序）

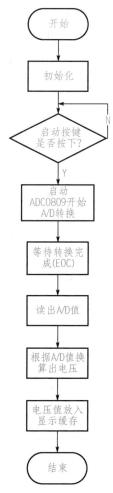

图 7-7 数字电压表主函数流程图

2. 参考程序

根据图 7-7 数字电压表主函数流程图编写程序，其程序如下：

数字电压表参考程序	ADC0809DYB. C

```
#include "reg52.h"
#define  ON  1
#define  OFF  0
#define extinguish_ LED str[0]= str[1] = 10    //熄灭数码管
bit RUN_ or_ STOP= OFF;        //"启动/停止"标志位。ON：启动；OFF：停止
unsigned int volt= 0;    //电压值，250 表示 2.5V


/* * * * * * * * * * * * * * * 数码管* * * * * * * * * * * * * * * * /
```

```c
unsigned char xdata DM _ at_  0x7fff;          //数码管段选接在 P2.7 口
unsigned char xdata PX _ at_  0xbfff;          //数码管片选在 P2.6 口
unsigned char code M7G[]=       //数码管字模
{
  0xc0, 0xf9, 0xa4, 0xb0, 0x99, 0x92, 0x82, 0xf8, 0x80, 0x90, //0～9
  0xff,     //灭
};
unsigned char str[8]= //数码管缓存
{
  10, 10, 10, 10, 10, 10, 10, 10
};


/* * * * * * * * * * * * 数码管显示函数* * * * * * * * * * * /
void Display_ LED()
{
  static unsigned char L;
  PX= 255;       //消隐
  DM= M7G[str[L]]; //写段选数据
  PX= ~(0x80> L);  //写片选数据
  L++ ;
  L&= 7;
}


/* * * * * * * * * * * * * 延时函数* * * * * * * * * * * * * * /
void Delay(unsigned int i)
{
  unsigned char j;
  while(i- - )for(j= 0; j< 100; j++ );
}


/* * * * * * * * * * * A/D转换采集电压函数* * * * * * * * * /
#define show_ voltstr[0]= volt /100, str[1]= volt/10% 10  //数码管左起两位显示 volt
sbit  EOC = P1^1;   //EOC 接在 P1.1 口
unsigned char xdata  ADC0809 _ at_  0xdfff;   //ADC0809 的片选信号接在 P2.5 口
void Get_ Volt ()
{
    ADC0809= 0;    //选择通道 0
    while(! EOC);   //等待转换完毕，EOC 为 1
    P0= 0xff;       //将 P0 口置为高电平，准备读取 P0 口的值
    volt= ADC0809;  //读取 A/D 转换的结果
    volt= volt * 2;   //将 A/D 转换的数字量转换成电压值
    show_ volt;     //显示电压
    Delay(500);     //延时一段时间
}
```

```
/* * * * * * * * * * * * * * 读键函数* * * * * * * * * * * * * /
sbit SB1 = P1^0;    //独立按键 SB1 接在 P1.0 口
void Read_ Key()
{
  static unsigned int ms;
  if(SB1= = 0)   //判断按键有无按下
  {
    if(++ ms= = 100)   //防抖动
    {
      if(SB1= = 0)RUN_ or_ STOP= ! RUN_ or_ STOP;    //启动或停止
    }
  }
  else ms= 0;   //计时清零
}


/* * * * * * * * * * * * * 定时中断响应函数* * * * * * * * * * * * * /
void TIME0_ ROUTING()   interrupt 1
{
  TH0= 0xfc;     //1ms 定时器@ 11.0592MHz
  TL0= 0x66;     //1ms 定时器@ 11.0592MHz
  Read_ Key();    //读键
  Display_ LED();      //数码管显示
}


/* * * * * * * * * * * * * 定时 0 初始化函数* * * * * * * * * * * * * /
void INIT_ TIME0()
{
  TMOD = 0x01;    //设置模式
  TH0 = 0xfc;     //11.0592MHz 下
  TL0 = 0x66;     //1ms 定时器
  ET0 = 1;     //允许中断标志位
  TR0 = 1;     //开始计时标志位
  EA = 1;      //中断总开关
}


/* * * * * * * * * * * 主函数* * * * * * * * * * * * /
void main()
{
  INIT_ TIME0();
  while (1)
  {
    if(RUN_ or_ STOP= = ON) Get_ Volt();
    //当启停标志位打开时，开始测量电压
    if(RUN_ or_ STOP= = OFF) extinguish_ LED;
    //当启停标志位关闭时，数码管不显示
  }
}
```

⚙ **3. 程序说明**

本程序通过 ADC0809 来对电压源进行采样,并将采样值换算成电压值后显示在数码管上。其中定义了一个 volt 变量,用来保存采样后换算的电压值。位变量 RUN _ or _ STOP 用来标志采样的启停。Get _ Volt()函数用来对电压源进行采样和换算成电压值。Read _ Key()函数用来读键。

7.3.1.5 任务实施步骤

(1)硬件电路连接。按照图 7-6 所示的硬件电路接线图,选择所需的模块并进行布局,然后将电源模块、主机模块、显示模块、指令模块、ADC/DAC 模块等用导线进行连接。单片机使用仿真器的仿真头来代替接入。

(2)打开 MedWin 软件,通过执行菜单"项目管理"→"新建项目"命令,新建立一个工程项目 ADC0809DYB,然后再建一个文件名为 ADC0809DYB. C 的源程序文件,将上面的参考程序输入并保存。

(3)单击"重新产生代码并装入"按钮或使用【Ctrl】+【F9】快捷键,对源程序进行编译和链接,产生目标代码并装入仿真器中。

(4)接通电源,让仿真器运行,观察电源指示灯是否亮起,通过对应按键操作启动测量电压,并显示在数码管上。调节电压源,观察数码管显示的电压值的变化,用万用表测量电压源的电压值,并与显示值比较。

(5)进行扎线,整理。

7.3.1.6 任务评价

任务完成后要填写任务评价表,见表 7-2。

表 7-2 任务完成情况评价表

任务名称			评价时间		年　　月　　日			
小组名称		小组成员						
评价内容	评价要求	权重	评价标准	学生自评得分	小组评价得分	教师评价得分	合计	
职业与安全意识	(1)工具摆放、操作符合安全操作规程; (2)遵守纪律,爱惜设备和器材,工位整洁; (3)具有团队协作精神	10%	好(10) 较好(8) 一般(6) 差(<6)					
模块的布局和布线工艺	(1)模块布局合理,模块的选择应符合要求; (2)根据需要选择不同颜色的导线进行连接,导线连接应可靠,走线合理,扎线整齐、美观	15%	好(15) 较好(12) 一般(9) 差(<9)					

续表

评价内容	评价要求	权重	评价标准	学生自评得分	小组评价得分	教师评价得分	合计
任务功能测试	(1)编写的程序能成功编译； (2)程序能正确烧写到芯片中； (3)通过按下启动按键能够使数码管正确显示电压值	60%	好(60) 较好(45) 一般(30) 差(<30)				
问题与思考	(1)怎样改变模拟输入通道？ (2)如果电压源模拟的是0~100 ℃的温度，如何进行转换？ (3)通过ADC0809测量的电压值与实际电压是否有偏差？思考偏差为何会产生	15%	好(15) 较好(12) 一般(9) 差(<6)				
教师签名			学生签名		总分		
任务评价=学生自评(0.2)+小组评价(0.3)+教师评价(0.5)							

7.4 知识拓展

7.4.1 程序烧录

前面的任务中，程序编写、编译完成后，我们都是通过仿真器进行仿真运行的。在实际工作中，程序经过仿真调试后，最终必须将编译生成的HEX文件烧录到单片机芯片中，使单片机应用系统能够脱离仿真器而独立运行。烧录程序可利用专门的烧写器进行，可以在线烧录，也可以离线烧录。烧录器种类很多，不同的单片机芯片可选用不同的烧录器。

7.4.2 SLISP烧录器的使用方法

YL—236实训平台中提供的SLISP烧录器可以实现对AT89S系列、AVR系列单片机进行程序烧录。其操作步骤如下：

(1)将单片机芯片AT89S52插入主机模块的芯片插座并锁紧。

(2)将烧录器的IDC10插头插入主机模块的ISP下载接口。

(3)将烧录器的USB插头插入电脑主机的USB接口。

(4)双击桌面图标，如图7-8所示。

(5)进入烧录软件界面，如图7-9所示。

图7-8 双龙仿真软件图标

图 7-9 双龙仿真软件界面

　　(6)通信参数设置。界面最上方左侧三个窗口是通信参数设置栏。左起第一个窗口是通信端口选择，在下拉菜单中选择"USB ISP"，如图 7-10 所示。第二个窗口自动变为"USB"。第三个窗口是通信速度选择，在下拉菜单中选择"FAST"，如图 7-11 所示。

图 7-10 通信端口选择

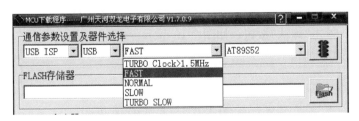

图 7-11 通信速度选择

(7)选择器件型号。界面最上方左起第四个窗口是器件型号选择栏。在下拉菜单中选择"AT89S52",如图 7-12 所示。

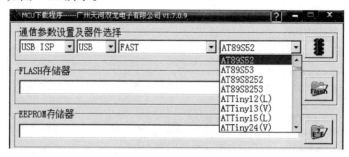

图 7-12　器件型号选择

(8)ISP 接口选择。界面最上方右侧为"ISP 接口选择"按钮,单击该按钮,弹出"ISP 接口"选择窗口,如图 7-13 所示。选择第一个"ISP Interface",单击"确定"按钮。

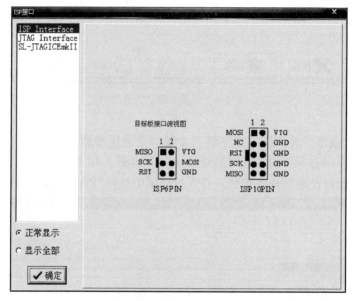

图 7-13　ISP 接口选择

(9)加载烧录程序。界面第二行为 FLASH 文件显示窗口,右侧为"打开 FLASH ROM 文件"按钮,如图 7-14 所示。单击 FLASH 存储器后面的"FLASH"按钮,浏览找到前面数字电压表程序编译后生产的 HEX 文件,选中对应的文件,如图 7-15 所示。打开文件,弹出确认框,单击"确认"按钮,如图 7-16 所示。

图 7-14　FLASH 文件显示窗口和按钮

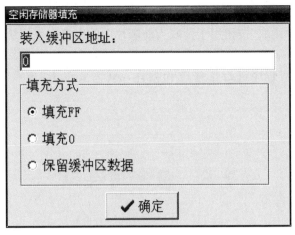

图 7-15　选择要下载的 HEX 文件

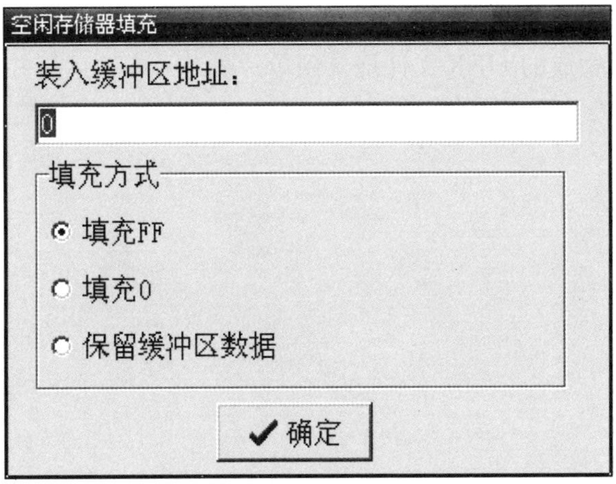

图 7-16　确认存储器填充

　　(10)勾选编程选项。勾选需要的编程选项，通常需要选择"重载文件""擦除"
"FLASH""校验芯片 ID 码"等选项，然后单击"编程"按钮，如图 7-17 所示，烧录器就会
按照所选择的编程选项进行操作，HEX 文件就烧录到单片机芯片中了。

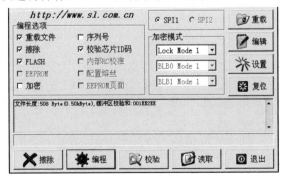

图 7-17　编程选项选择及编程按钮

"擦除"按钮用于擦除当前芯片中的程序。"校验"按钮是用数据缓冲区中的数据对芯片中的内容进行校验。"读取"按钮用于读取当前芯片中的内容到数据缓冲区。"退出"按钮用于退出烧录软件。

如果烧录后，又对程序进行了修改和编译，就需要单击"重载"按钮重新载入 HEX文件。

7.5　思考与练习

1. 使用 YL—236 单片机实训考核平台完成数字电压表的模拟制作。

2. 试着完成两路 A/D 转换测量电压的模拟制作，两个模拟量输入分别采用电压源和步进电机模块的电位器，测量的电压值分别显示在数码管左起 1、2 位和右起 1、2 位。

3. 将程序编译后生成的 HEX 文件烧录到单片机芯片中，运行并观察现象。

数字温度计的制作

8.1 项目介绍

温度是我们在日常生产和生活中实时接触到的物理量，但是它是看不到的，仅凭感觉只能感觉到大概的温度值，传统的指针式的温度计虽然能指示温度，但是精度低，使用不够方便，显示不够直观，数字温度计的出现可以让人们直观地了解自己想知道的温度到底是多少度。图 8-1 所示为日常使用的数字温度计。

图 8-1 日常使用的数字温度计

数字温度计采用温度敏感元件也就是温度传感器(如铂电阻、热电偶、半导体、热敏电阻等)，将温度的变化转换成电信号的变化，如电压和电流的变化，温度变化和电信号的变化有一定的关系，如线性关系、一定的曲线关系等，这个电信号可以使用模/数转换的电路即 A/D 转换电路将模拟信号转换为数字信号，将数字信号再送给处理单元，如单片机或者 PC 机等，处理单元经过内部的软件计算将这个数字信号和温度联系起来，成为可以显示出来的温度数值，如 25.0 ℃，然后通过显示单元，如 LED、LCD 或者电脑屏幕等显示出来供人观察。这样就完成了数字温度计的基本测温功能。

数字温度计根据使用的传感器的不同，以及 A/D 转换电路及处理单元的不同，其精度、稳定性、测温范围等都有区别，这就要根据实际情况选择符合规格的数字温度计。YL—236 实训平台中配备一套温度模块——MCU13，其中包含两个温度检测传感器，它们分别是：模拟式温度传感器 LM35 和数字式温度传感器 DS18B20。

8.2 项目知识

8.2.1 LM35 模拟式温度传感器简介

LM35 是一种得到广泛使用的温度传感器。由于它采用内部补偿，所以输出可以从 0 ℃开始。

LM35 有多种不同封装型式，YL—236 平台中使用的为 TO-92 封装。其实物与封装如图 8-2 所示，其 1 脚为电源，2 脚为模拟信号输出，3 脚为 GND。在常温下，LM35 不需要额外的校准处理即可达到±1/4 ℃的准确率。其在静止温度中自热效应低(0.08 ℃)，单电源模式在 25 ℃下静止电流约 50μA，工作电压较宽，可在 4～20 V 的供电电压范围内正常工作，非常省电。

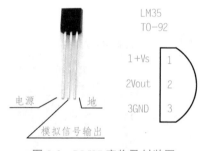

图 8-2　LM35 实物及封装图

LM35 的工作电压为 4～30 V，在上述电压范围以内，芯片从电源吸收的电流几乎是不变的(约 50μA)，所以芯片自身几乎没有散热的问题。这么小的电流也使得该芯片在某些应用中特别适合，比如在电池供电的场合中，输出可以由第三个引脚取出，根本无须校准。

通过 LM35 的输出电压换算成实际温度很方便，温度每升高 1 ℃，LM35 的电压上升 10 mV。在 LM35 正常接线情况下(如图 8-3 所示)，当室温为 20 ℃时，LM35 输出电压为 20 ℃×10 mV/℃＝0.2 V。其计算公式如式(8-1)所示。

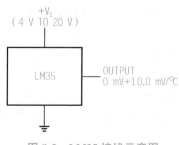

图 8-3　LM35 接线示意图

LM35 输出电压与温度之间的关系式：

$$V_{\text{OUT\_LM35}}(T) = 10 \text{ mV/°C} \times \text{温度} \tag{8-1}$$

8.2.2 DS18B20 单总线数字式温度传感器简介

DS18B20 是 DALLAS 半导体公司的数字化温度传感器。它是世界上第一片支持"一线总线"接口的温度传感器。YL—236 实训平台中包含的 DS18B20 传感器为 TO-92 封装。其实物外形与封装图如图 8-4 所示。

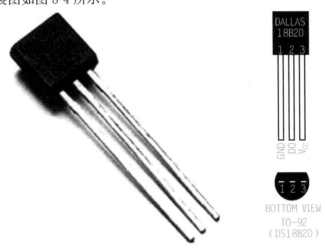

图 8-4 DS18B20 实物图与封装图

DS18B20 数字温度传感器接线方便。在与微处理器连接时仅需要一条口线即可实现微处理器与 DS18B20 的双向通信。其测温范围为 $-55\ ℃\sim+125\ ℃$，固有测温误差为 $0.5\ ℃$。支持多点组网功能，多个 DS18B20 可以并联在唯一的三线上，最多只能并联 8 个，实现多点测温，如果数量过多，会使供电电源电压过低，从而造成信号传输的不稳定。

1. DS18B20 的内部结构

DS18B20 温度传感器内部结构框图如图 8-5 所示。

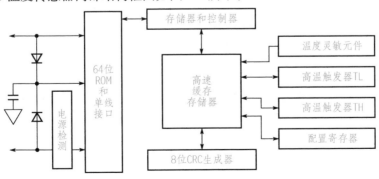

图 8-5 DS18B20 温度传感器内部结构框图

DS18B20 的温度检测与数字数据输出全集成于一个芯片之上，从而抗干扰能力更强。首先我们来了解一下 DS18B20 的内部存储器。DS18B20 共有三种形态的存储器资源，它们分别是：

(1)64 位 ROM——只读存储器。

用于存放 DS18B20 的 ID 编码，其前 8 位是单线系列编码(DS18B20 的编码是 19H)，后面 48 位是芯片唯一的序列号，最后 8 位是以上 56 位的 CRC 码(冗余校验的)。ROM 中的数据是在出产时就光刻好的，不能更改。

(2)9 个字节的 RAM——数据暂存器。

数据暂存器(RAM)用于内部计算和数据存取，RAM 数据在掉电后丢失，DS18B20 有 9 个字节的 RAM，每个字节为 8 位。如图 8-6 所示 RAM 中第 1、2 个字节是温度转换后的温度数据值信息，第 3、4 个字节是用户 EEPROM(常用于温度报警值储存)的镜像。在上电复位时其值将被刷新。第 5 个字节则是用户第 3 个 EEPROM 的镜像。第 6、7、8 个字节为计数寄存器，是为了让用户得到更高的温度分辨率而设计的，同样也是内部温度转换、计算的暂存单元。第 9 个字节为前 8 个字节的 CRC 码(自动更新)。

(3)EEPROM——非易失性存储器。

EEPROM 用于存放长期需要保存的数据、上下限温度报警值和校验数据，DS18B20 有 3 个字节的 EEPROM，并在 RAM 都存在镜像，以方便用户操作。此 EEPROM 可以通过"Copy Scratchpad"指令[48H]，把 RAM 中对应的数据写入 EEPROM 中。当系统复位后，DS18B20 会自动通过"Recall EEPROM"指令[B8H]把 EEPROM 中的数据复制到对应 RAM 中去。

序号	寄存器内容
1	温度低位LSB
2	温度高位MSB
3	TH用户字节1
4	TH用户字节2
5	配置寄存器（CR）
6	保留
7	保留
8	保留
9	CRC

bit7	bit6	bit5	bit4	bit3	bit2	bit1	bit0
2^3	2^2	2^1	2^0	2^{-1}	2^{-2}	2^{-3}	2^{-4}
S	S	S	S	S	2^6	2^5	2^4

TM	R1	R0	1	1	1	1	1

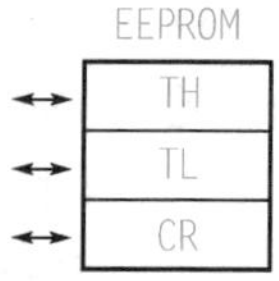

EEPROM
TH
TL
CR

图 8-6　DS18B20 内部存储器各字节定义图

注意：

温度值高位的 S 为符号位，当 S=1 时表示当前温度为负温度，此时温度数值以补码形式保存在寄存器中。所以如果检测温度为负温度，得先将读取到的数值由补码转换为原码再计算其对应十进制值(或直接放入带符号变量中)。

2. DS18B20 控制指令

如要操作 DS18B20，得先了解其控制指令。其控制指令功能如表 8-1 所示。

表 8-1 控制指令功能说明表

控制指令名称	十六进制命令字	功能说明
Read ROM	[33H]	读 ROM 指令： 这个命令允许单片机读到 DS18B20 的 64 位 ROM。只有当总线上只存在一个 DS18B20 的时候才可以使用此指令，如果挂接不止一个，当通信时将会发生数据冲突
Match ROM	[55H]	指定匹配芯片指令： 这个指令后面紧跟着由单片机发出的 64 位序列号，当总线上有多只 DS18B20 时，只有与控制发出的序列号相同的芯片才可以做出反应，其他芯片将等待下一次复位。这条指令适应单芯片和多芯片挂接
Skip ROM	[CCH]	跳过 ROM 编码指令： 这条指令使芯片不对 ROM 编码做出反应，在单总线的情况之下，为了节省时间则可以选用此指令。如果在多芯片挂接时使用此指令将会出现数据冲突，导致错误出现
Search ROM	[F0H]	搜索芯片指令： 在芯片初始化后，搜索指令允许总线上挂接多芯片时用排除法识别所有器件的 64 位 ROM
Alarm Search	[ECH]	报警芯片搜索指令： 在多芯片挂接的情况下，报警芯片搜索指令只对负荷温度高于 TH 或小于 TL 报警条件的芯片做出反应。只要芯片不掉电，报警状态将被保持，直到再一次测得温度不达到报警条件为止
Write Scratchpad	[4EH]	向 RAM 中写数据指令： 这是向 RAM 中写入数据的指令，随后写入的两个字节的数据将会被存到 RAM 的第 3 字节(高温报警 TH)和第 4 字节(低温报警 TL)。再次写入的一个字节存第 5 字节中(配置寄存器 CR)。写入过程中可以用复位信号中止写入
Read Scratchpad	[BEH]	从 RAM 中读数据指令： 此指令将从 RAM 中读数据，从 RAM 的第 1 字节开始，一直可以读到第 9 字节，完成整个 RAM 数据的读出。芯片允许在读过程中用复位信号中止读取，即可以不读后面不需要的字节以减少读取时间
Copy Scratchpad	[48H]	将 RAM 数据复制到 EEPROM 中指令： 此指令将 RAM 中的数据存入 EEPROM 中，以使数据掉电不丢失。此后由于芯片忙于 EEPROM 储存处理，当单片机发一个读时间间隙时，总线上输出"0"，当储存工作完成时，总线将输出"1"。在寄生工作方式时必须在发出此指令后立刻采用强上拉并至少保持 10 ms，来维持芯片工作
Convert T	[44H]	开始温度转换指令： 收到此指令后芯片将进行一次温度转换，将转换的温度值放入 RAM 的第 1、2 地址。此后由于芯片忙于温度转换处理，当单片机发一个读时间间隙时，总线上输出"0"，当储存工作完成时，总线将输出"1"。在寄生工作方式时必须在发出此指令后立刻采用强上拉并至少保持 500 ms(12 位精度时)，来维持芯片工作
Recall EEPROM	[B8H]	将 EEPROM 中的报警值复制到 RAM 指令： 此指令将 EEPROM 中的报警值复制到 RAM 中的第 3、4 个字节里。由于芯片忙于复制处理，当单片机发一个读时间间隙时，总线上输出"0"，当储存工作完成时，总线将输出"1"。另外，此指令将在芯片上电复位时被自动执行。这样 RAM 中的两个报警字节位将始终为 EEPROM 中数据的镜像

控制指令名称	十六进制命令字	功能说明
Read Power Supply	[B4H]	检测芯片电源状态指令： 此指令发出后发出读时间间隙，芯片会返回它的电源状态字，"0"为寄生电源状态，"1"为外部电源状态

3. DS18B20 操作时序

有了 DS18B20 的控制指令之后，我们就得想办法如何用这些控制指令来控制它了。要控制 DS18B20 则需要知道以下三个时序关系。

1）复位及应答时序

每一次通信之前必须对 DS18B20 进行复位，复位的时间、等待时间、回应时间应严格按时序编程。复位及应答时序如图 8-7 所示。可以看出，先由主机拉低总线电平，并且保持至少 480 μs，此信号为主机向 DS18B20 发送复位信号。而后主机电平恢复高电平，等待 15～60 μs。这时如果 DS18B20 正常工作，它会主动把总线电平拉低 60～240 μs，这个信号就是 DS18B20 向主机发送的应答信号。

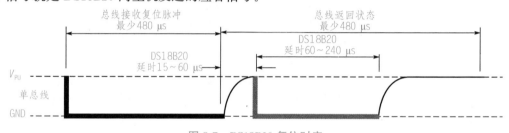

图 8-7　DS18B20 复位时序

有了时序，可以试着写一下 DS18B20 的复位函数，其程序如下：

DS18B20 复位函数范例

```
sbit DQ= P2^1;        //映射温度传送数据 I/O 口为 P2.1
unsigned char RST_ DS18B20(void)
{
    unsigned char  x= 1;      //默认设置为初始化失败
    DQ= 1;                    //释放总线
    delay_ μs(20);            //稍做延时 20 μs
    DQ= 0;                    //单片机将总线拉低
    delay_ μs(720);           //精确延时 480～960 μs，取中间值 720 μs
    DQ= 1;                    //释放总线
    delay_ μs(60);            //延时 15～60μs
    delay_ μs(150);           //DS18B20 应答信号 60～240 μs，取中间值 150 μs
    x= DQ;                    //稍做延时后如果 x= 0 则初始化成功，x= 1 则初始化失败
    return(x);
}
```

2)DS18B20 写数据时序

写时间间隙分为写"0"和写"1",其时序图如图 8-8 所示。在写数据时前 15 μs 总线需要是被单片机拉置低电平,而后则将是 DS18B20 芯片对总线数据的采样时间,采样时间在 15~60 μs,采样时间内如果单片机将总线拉高则表示写"1",如果单片机将总线拉低则表示写"0"。每一位的发送都应该有一个至少 15 μs 的低电平起始位,随后的数据"0"或"1"应该在 45 μs 内完成。整个位的发送时间应该保持在 60~120 μs,否则不能保证通信的正常。

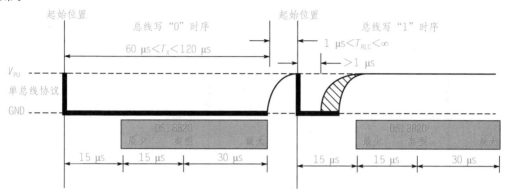

图 8-8 DS18B20 写数据时序

注意:

在通信时是以 8 位"0"或"1"为一个字节,字节的写是从低位开始的,即从 bit0 到 bit7。

DS18B20 写数据函数范例

```
sbit DQ= P2^1;              //映射温度传送数据 I/O 口为 P2.1
void WriteOneChar(unsigned char dat)
{
    unsigned char i= 0;
    for(i= 8; i> 0; i- - )
    {
      DQ= 0;                //拉低总线,产生写信号
      delay_ μs(15);        //延时 15μs
      DQ= dat&0x01;         //把数据最低位输出给总线
      delay_ μs(60);        //延时 60μs
      DQ= 1;                //释放总线,等待总线恢复
      dat> > = 1;           //准备下一位数据的传送
    }
}
```

3)DS18B20 读数据时序

单片机读取 DS18B20 的参数时其时序应该更加精确才行，读数据时必须先由单片机产生至少 1 μs 的低电平，表示读时间的起始。总线被释放 15 μs 后 DS18B20 会发送内部数据位到总线上，单片机读取总线为高电平时表示读出"1"，如果总线为低电平则表示读出数据"0"。此数据会保持 45 μs，所以单片机读取数据必须在这 45 μs 之内。在每一位读取之前必须由单片机发送一个至少 1 μs 的低电平作为读取起始信号。如图 8-9 所示，必须在读间隙开始的 15 μs 内读取数据位才可以保证通信的正确。

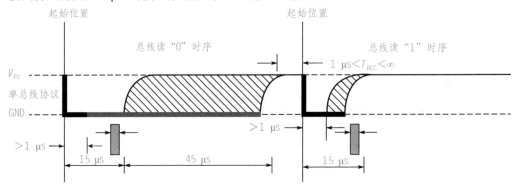

图 8-9　DS18B20 读数据时序

注意：

在通信时是以 8 位"0"或"1"为一个字节，字节的读是从高位开始的，即从 bit7 到 bit0。

DS18B20 读数据函数范例

```
sbit DQ= P2^1;        //映射温度传送数据 I/O 口为 P2.1
unsigned char ReadOneChar(void)
{
  unsigned char i= 0;
  unsigned char dat= 0;
  for(i= 8; i> 0; i- - )
  {
    dat> > = 1;       //数据右移 1 位
    DQ= 0;        //拉低总线产生读信号
    delay_ μs(1);       //延时 1 μs，由于 51 单片机速度较低可以省去
    DQ= 1;       //释放总线，准备读数据
    delay_ μs(14);       //延时 14 μs，等待 DS18B20 上传数据
    if(DQ)  dat| = 0x80;       //如果 DQ 为 1，dat 最高位放入数据
    delay_ μs(45); //延时 45 μs，DS18B20 数据会保持 45 μs
  }
  return(dat);
}
```

4. DS18B20 温度采样范例程序

有了以上的理论基础，我们就可以试着利用 DS18B20 来做最简单的检测温度任务。首先构建起 DS18B20 硬件结构，如图 8-10 所示。

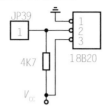

图 8-10　DS18B20 电路连接图

此硬件连接下 DS18B20 简单检测温度流程如图 8-11 所示：

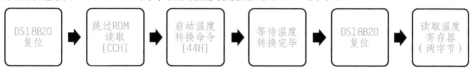

图 8-11　单个 DS18B20 读取温度流程图

根据流程图，开始进行温度读取程序的编写，其程序如下：

DS18B20 温度读取函数范例

```
sbit DQ= P2^1;        //映射温度传送数据 I/O 口为 P2.1
unsigned char ReadOneChar(void)
{
    unsigned char i= 0;
    unsigned char dat= 0;
    for(i= 8; i> 0; i- -)
    {
      dat> > = 1;       //数据右移 1 位
      DQ= 0;          //拉低总线产生读信号
      delay_ μs(1);       //延时 1μs，由于 51 单片机速度较低可以省去
      DQ= 1;         //释放总线，准备读数据
      delay_ μs(15);       //延时 15μs，等待 DS18B20 上传数据
      if(DQ)  dat| = 0x80;      //如果 DQ 为 1，dat 最高位放入数据
      delay_ μs(45);       //延时 45 μs，DS18B20 数据会保持 45 μs
    }
    return(dat);
}
```

8.3 项目操作训练

数字温度计的
制作（项目实施）

任务一 室温检测系统模拟装置的制作 ▶▶▶

8.3.1.1 任务要求

1. 室温检测系统描述及有关说明

（1）显示：由 8 位数码管组成，实现 LM35 测得室温的显示。

（2）键盘：独立按键 SB1，实现"启动/停止"功能。

（3）ADC0809：将 LM35 电压转换成数字量。

（4）LM35：用来检测室温。

2. 系统控制要求

系统上电，数码管不显示，按下"启动/停止"按键，数码管左起两位显示室温××，数码管左起第三位显示"C"，表示摄氏度，开始对室温进行实时检测。若再按下"启动/停止"按键，则数码管不显示，系统停止测温工作。

8.3.1.2 任务分析

要完成本任务，需要克服以下两个难点。

1. 如何读取 LM35 输出的较小电压信号

前面知识介绍中我们提到，LM35 温度每升高 1 ℃，输出电压升高 10 mV。假设室温为 20 ℃，LM35 输出电压为 0.2 V。这个电压值对于量程是 0～5 V 的 ADC0809 8 位模数转换器来说太小了，很难获得比较准确的采样值。所以，我们得先把这个采集到的电压做一定量的放大。YL—236 实验实训装置中使用 LM358 放大器放大 LM35 输出的电压信号，其电路图如图 8-12 所示。此电路中可以看出 LM358 工作在同相放大模式下，把 LM35 输出的电压型号放大 5 倍。所以，此电路中输出的电压与温度的关系为：

$$V_{out} = 10 \text{ mV} \times 5 \times 当前温度$$

2. 如何编程实现 LM35 温度的读取

硬件放大电路搭建完成后，需要考虑如何把读取到的电压转换为温度并用程序实现温度的转换与读取。

通过公式转换可以得出：

$$当前温度 = V_{out}/(10 \text{ mV} \times 5)$$

而在项目 9 中我们得到了 ADC0908 检测数值与电压的关系式：

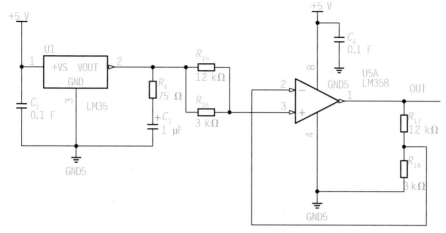

图 8-12　LM35 温度传感器及其放大电路

$$V_{IN} = \text{ADC0809 采样数值} \times \text{基准电压}/255 \qquad (8\text{-}2)$$

将此公式代入温度与电压转换公式就能得到 ADC0809 采样数值与温度的关系式了。

$$\text{当前温度}(℃) = \frac{\text{ADC0809 采样数值} \times \text{基准电压值}(\text{mV})}{255 \times 10\ \text{mV} \times 5} \qquad (8\text{-}3)$$

YL—236 实训平台中，ADC0809 的基准电压就是电源电压，若电源电压为 5 V 时，当前温度为：

$$\text{当前温度}(℃) = \frac{\text{ADC0809 采样数值} \times 5\ 000\ \text{mV}}{255 \times 10\ \text{mV} \times 5} \approx \text{ADC0809 采样数值} \times 0.4 \qquad (8\text{-}4)$$

有了理论基础，我们就可以编写温度换算程序了，其程序如下：

 LM35 温度检测与转换参考程序

```
sbit EOC= P2^3;      //EOC 连接在 P2.3 上
unsigned char xdata ADC0809 _ at_ 0xdfff;      //(P2^5)
unsigned int tempC= 0;      //温度参数，其个位为小数位，如 123 表示 12.3 ℃
#define show_ tempC str[0]= tempC/100%10, str[1]= tempC/10%10, str[2]= 11
//显示 tempC 格式为 00C
    /* * * * * * * * * * * * 温度转换子程序* * * * * * * * * * * * /
void Get_ temperature()      //获取温度
{
    static unsigned char S;
    CS_ ADC= 0;      //选择通道 0
    while(! EOC);      //等待转换完毕，EOC 恢复为 1
    P0= 0xff;      //将 P0 口置为高电平准备读取 P0 口的值
    tempC= ADC0809;      //读取 ADC 值
    tempC= tempC * 4;      //计算
    show_ tempC;      //显示温度
}
```

8.3.1.3 硬件电路

使用 YL—236 实训考核装置模拟实现本任务，其硬件模块接线如图 8-13 所示。

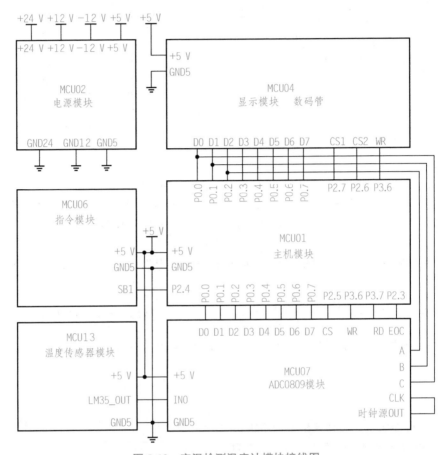

图 8-13 室温检测温度计模块接线图

该电路由单片机的主机模块、数码管显示模块、独立键盘、ADC 模块以及温度传感器模块共同组合而成。电源模块为各部分电路提供电源。

8.3.1.4 任务程序的编写

1. 主函数流程图

室温检测温度计主函数流程图如图 8-14 所示。

数字温度计的
制作（程序）

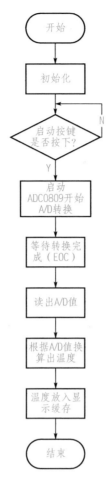

图 8-14　室温检测温度计主函数流程图

2. 参考程序

根据图 8-14 室温检测温度计主函数流程图编写程序，编写的程序如下：

	室温检测温度计参考程序	LM35WDJ. C

```
#include "reg52.h"
#define ON  1
#define OFF 0
bit RUN_ or_ STOP= OFF;      //"启动/停止"标志位。ON：启动；OFF：停止
unsigned int tempC= 0;       //温度参数，个位为小数位，如123表示12.3℃
/* * * * * * * * * * * * 数码管* * * * * * * * * * * * /
unsigned char xdata DM_ at_ 0x7fff;      //段码(P2^7)
unsigned char xdata PX_ at_ 0xbfff;      //片选(P2^6)
unsigned char code M7G[]=      //数码管字模
{
```

```
  0xc0, 0xf9, 0xa4, 0xb0, 0x99, 0x92, 0x82, 0xf8, 0x80, 0x90, //0~9
  0xff,      //灭
  0xc6,      //C
};
unsigned char str[8]=     //数码管缓存
{
  10, 10, 10, 10, 10, 10, 10, 10
};
void Display()
{
  static unsigned char L;
  PX= 255;     //消影
  DM= M7G[str[L]];      //段码
  PX= ~(0x80> > L);     //片选
  L++ ;
  L&= 7;
}
#define show_ tempC str[0]= tempC/100%10, str[1]= tempC/10%10, str[2]= 11
//显示 tempC 格式为 00C
#define extinguish_ tempC str[0]= str[1]= str[2]= 10//DS7, DS6、DS5 位不显示
/* * * * * * * * * * * * * * * * * * * * * * * * * * * * * * * * * * * * * /
sbit EOC=P2^3;     //EOC 连接在 P2.3 上
unsigned char xdata ADC0809 _ at_ 0xdfff;     //(P2^5)
/* * * * * * * * * * * * 温度转换子程序* * * * * * * * * * * * * /
void Delay(unsigned int i)     //延时
{
  unsigned char j;
  while(i- - )
  for(j= 0; j< 100; j++ );
}
void Get_ temperature ()     //获取温度
{
    ADC0809= 0;     //选择通道 0
    while(! EOC);     //等待转换完毕，EOC 恢复为 1
    P0= 0xff;     //将 P0 口置为高电平，准备读取 P0 口的值
    tempC= ADC0809;     //读取 ADC 值
    tempC= tempC* 4;     //计算
    show_ tempC;     //显示温度
    Delay(500);     //延时一段时间
}


/* * * * * * * * * * * * * * 独立按键* * * * * * * * * * * * * * /
sbit SB1 = P2^4 ;
void KEY()     //按键
{
  static unsigned int ms;
```

```
  if(SB1= = 0)      //判断按键有无按下
  {
    if(++ ms= = 100)     //防抖动
    {
      if(SB1= = 0)RUN_ or_ STOP= ! RUN_ or_ STOP;      //启动或停止
    }
  }
  else ms= 0;      //计时清零
}
/* * * * * * * * * * * * * * * * * * * * * * * * * * * * * * * * * * * * * * */
void TIME0_ ROUTING() interrupt 1
{
  TH0= 0xfc;     //11.0592MHz
  TL0= 0x66;     //1ms 定时器
  KEY();      //按键
  Display();      //数码管显示
}

void INIT_ TIME0()     //定时器 0 初始化
{
  TMOD = 0x01;      //设置模式
  TH0= 0xfc; //11.0592MHz 下
  TL0= 0x66; //1ms 定时器
  ET0= 1; //允许中断标志位
  TR0= 1; //开始计时标志位
  EA= 1; //中断总开关
}
void main()
{
  INIT_ TIME0();
  while (1)
  {
    if(RUN_ or_ STOP= = ON)Get_ temperature();
    //当启停标志位打开时开始检测温度
    if(RUN_ or_ STOP= = OFF)extinguish_ tempC;
      //当启停标志位关闭时数码管不显示
  }
}
```

3. 程序说明

本程序通过 ADC0809 来对 LM35 温度进行采样，通过换算后显示在数码管上。其中定义了一个 tempC 变量，用来保存采样后换算的温度值。位变量 RUN _ or _ STOP 用来标志温度的采样启停。Get _ temperature()子程序用来对 LM35 温度进行采样和换算成温度。KEY()子程序用来开启或停止温度采样功能。

8.3.1.5 任务实施步骤

(1)硬件电路连接。按照图 8-13 所示的硬件电路接线图，选择所需的模块并进行布局，然后将电源模块、主机模块和数码管显示模块、独立按键、ADC 模块和温度传感器模块等用导线进行连接。单片机使用仿真器的仿真头来代替接入。

(2)打开 MedWin 软件，通过执行菜单"项目管理"→"新建项目"命令，新建立一个工程项目 LM35WDJ，然后再建一个文件名为 LM35WDJ.C 的源程序文件，将上面的参考程序输入并保存。

(3)单击"重新产生代码并装入"按钮或使用【Ctrl】+【F9】快捷键，对源程序进行编译和链接，产生目标代码并装入仿真器中。

(4)接通电源，让仿真器运行，观察电源指示灯是否亮起，通过对应按键操作检测室内温度是否正常显示在数码管上。

(5)进行扎线，整理。

8.3.1.6 任务评价

任务完成后要填写任务评价表，见表 8-2。

表 8-2 任务一完成情况评价表

任务名称				评价时间		年 月 日	
小组名称			小组成员				
评价内容	评价要求	权重	评价标准	学生自评得分	小组评价得分	教师评价得分	合计
职业与安全意识	(1)工具摆放、操作符合安全操作规程； (2)遵守纪律，爱惜设备和器材，工位整洁； (3)具有团队协作精神	10%	好(10) 较好(8) 一般(6) 差(<6)				
模块的布局和布线工艺	(1)模块布局合理，模块的选择应符合要求； (2)根据需要选择不同颜色的导线进行连接，导线连接应可靠，走线合理，扎线整齐、美观	15%	好(15) 较好(12) 一般(9) 差(<9)				
任务功能测试	(1)编写的程序能成功编译； (2)程序能正确烧写到芯片中； (3)通过按下启动按键能够使数码管正确显示温度	60%	好(60) 较好(45) 一般(30) 差(<30)				

续表

评价内容	评价要求	权重	评价标准	学生自评得分	小组评价得分	教师评价得分	合计
问题与思考	(1)怎样增加温度采样精度？ (2)系统如何加入温度的小数位显示？ (3)通过 LM35 检测的温度与实际温度是否有偏差？思考偏差为何会产生	15%	好(15) 较好(12) 一般(9) 差(<6)				
教师签名			学生签名			总分	

任务评价＝学生自评(0.2)＋小组评价(0.3)＋教师评价(0.5)

8.3.2 任务二 智能孵蛋控制系统的制作

8.3.2.1 任务要求

智能孵蛋控制系统
制作（项目实施）

1. 智能孵蛋控制系统描述及有关说明

为了保证能更好地孵化鸡蛋，保持鸡蛋的温度，智能孵蛋控制系统可以根据室内的温度来调节灯光的强度，从而达到控温的效果；也可自行调节灯光强度来调节。

（1）显示：由 8 位数码管组成，实现 DS18B20 测得室温的显示和 LED 灯光的等级显示。

（2）独立键盘：SB1 实现"启动/停止"功能；SB2 实现自动和手动模式的切换。SB3 实现"调节"功能。

（3）DAC0832：用来控制温度表的孵化灯光的亮度（用 LED0 模拟孵化灯）。

（4）DS18B20：用来检测室温。

（5）LED0：使用 LED0 模拟孵化灯。其作用为对室内控制加热，尽量营造一个恒温孵化环境。

2. 系统控制要求

系统上电，数码管不显示，按下"启动/停止"按键，数码管靠左两位显示室温××，第三位显示"C"，表示摄氏度；靠右显示亮度等级，格式为："LvX"，开始对室温进行实时检测。灯光等级范围为0～9。

按下"自动/手动"按键，可切换自动模式和手动模式。在自动模式下：当温度超过30 ℃时，灯光等级为 0 级；当温度超过或等于21 ℃时，灯光等级为 9 级。当温度为22 ℃～30 ℃时，等级应根据温度的升高而降低，对应的变化范围为8～0。

在手动模式下，按下"调节"按键，可对灯光亮度进行 0～9 级之间的调节。

若再按下"启动/停止"按键，则数码管不显示，停止测温工作，所有灯熄灭（0 级），处于待机状态。

8.3.2.2 任务分析

本任务中最关键点即通过 DS18B20 进行温度检测的方法已经在相关知识中做了介绍，并给出了范例程序。那么要完成本任务就只剩下一个难点有待我们来解决了。如何调节一盏 LED 发光二极管的亮度？

有两种方法可以实现调节 LED 发光亮度：PWM 方式和调压方式。为了编程简单，我们采用通过 DAC0832 输出变化的电压来驱动 LED，实现 LED 亮度的调节。

1. DAC0832 简介

要使用 DAC0832 产生对应电压，得先对它进行一些了解。DAC0832 是 8 分辨率的 D/A 转换集成芯片。这个 D/A 芯片以其价格低廉、接口简单、转换控制容易等优点，在单片机应用系统中得到广泛的应用。D/A 转换器由 8 位输入锁存器、8 位 DAC 寄存器、8 位 D/A 转换电路及转换控制电路构成。

DAC0832 是采样频率为 8 位的 D/A 转换芯片，集成电路内有两级输入寄存器，使 DAC0832 芯片具备双缓冲、单缓冲和直通三种输入方式，以便适于各种电路的需要（如要求多路 D/A 异步输入、同步转换等）。他的 D/A 转换结果采用电流形式输出。若需要相应的模拟电压信号，可通过一个高输入阻抗的线性运算放大器实现。

2. DAC0832 典型应用电路

在 YL—236 中，DAC0832 D/A 转换模块内部电路如图 8-15 所示。由于 DAC0832 输出的是电流，所以在本电路中加入一片 LM358，把输出的电流信号变换为对应电压信号。其计算公式如下：

$$V_{out}=\frac{DAC0832\ 寄存器值\times 5\ V}{255}=\frac{DAC0832\ 寄存器值}{51}(V)$$

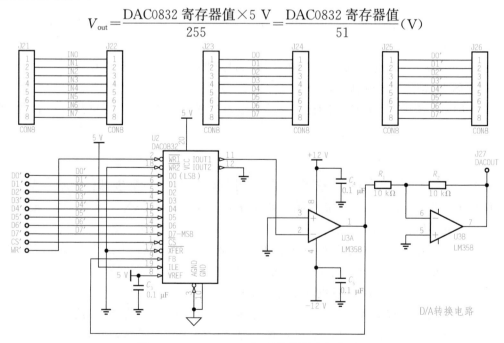

图 8-15　DAC0832　D/A 转换模块内部电路图

AC0832可以通过单片机总线直接访问，其总线写入子程序如下：

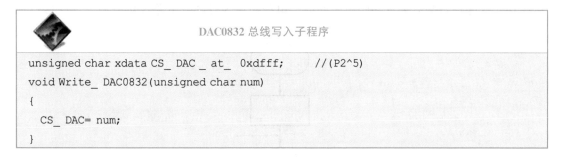

DAC0832 总线写入子程序

```
unsigned char xdata CS_ DAC _ at_  0xdfff;       //(P2^5)
void Write_ DAC0832(unsigned char num)
{
  CS_ DAC= num;
}
```

要使用DAC0832控制LED灯具有0～9共10个亮度等级，还需要对各个亮度等级DAC写入的数据进行运算。其运算公式为：

$$DAC\ 寄存器需要写入的值=\frac{需要达到的挡位\times255}{9}$$

了解了这个，我们就可以开始试着着手本任务的制作了。

8.3.2.3 硬件电路

用YL—236实训考核装置实现本任务要求的硬件模块接线图如图8-16所示。

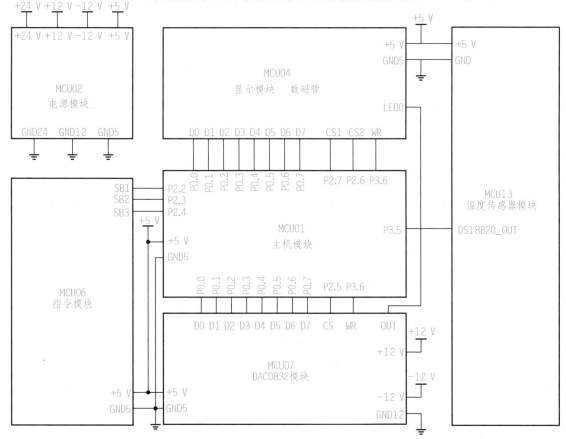

图 8-16 智能孵蛋控制系统模块接线图

该电路由主机模块、数码管显示模块、指令模块、扩展模块、继电器模块、传感器配接模块，智能物料搬运装置共同组合而成。电源模块为各部分电路提供电源。连线接口如图 8-17 所示。

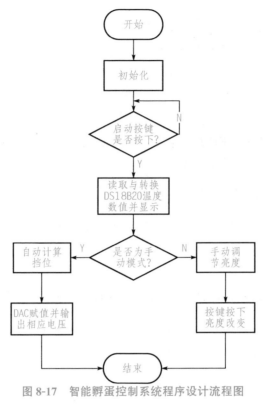

图 8-17 智能孵蛋控制系统程序设计流程图

8.3.2.4 任务程序的编写

1. 主程序流程图

如图 8-17 所示，介绍一下主程序流程：系统开始运行，系统初始化后，等待按键按下；若当按键没有被按下，则继续等待按键按下；当按键按下后，则开始读取与转换DS18B20 温度数值并显示；此时判断是否为手动模式，若为手动模式，则自动计算挡位，DAC 赋值并输出相应电压，结束一套流程；若不为手动模式，则手动调节亮度，然后再等待按键按下，改变亮度，结束一套流程。

2. 参考程序

根据图 8-17 智能孵蛋控制系统程序设计流程图，我们编写了任务二参考程序 FDJ.C，其程序如下：

智能孵蛋控制系统参考程序	FDJ.C

```
#include "reg52.h"
#define ON  1
```

```
#define OFF 0
bit set_ mark= 0;        //自动和手动切换标志位。1：自动；0：手动
bit RUN_ or_ STOP= OFF;      //"启动/停止"标志位。ON：启动；OFF：停止
unsigned char LV= 0;      //LED 灯亮度等级参数，默认为 0 级
/* * * * * * * * * * DAC0832* * * * * * * * * * * * * * * * * * * * * * * * * /
unsigned char xdata CS_ DAC _ at_ 0xdfff;      //(P2^5)
#define show_ LED CS_ DAC= (9- LV) * 28. 33
#define extinguish_ LED CS_ DAC= 255
/* * * * * * * * 数码管* * * * * * * * * * * * * * * * * * * * * * * * * * * * /
unsigned char xdata DM _ at_ 0x7fff;      //段码(P2^7)
unsigned char xdata PX _ at_ 0xbfff;        //片选(P2^6)
unsigned char code M7G[]=      //数码管字模
{
  0xc0, 0xf9, 0xa4, 0xb0, 0x99, 0x92, 0x82, 0xf8, 0x80, 0x90, //0～9
  0xff,      //灭
  0xc6,      //C
  0xc7,      //L
  0xe3,      //v
};
unsigned char str[8]=      //数码管缓存
{
  10, 10, 10, 10, 10, 10, 10, 10
};
void Display()
{
  static unsigned char L;
  PX= 255;    //消影
  DM= M7G[str[L]];      //段码
  PX= ~(0x80> > L);      //片选
  L++ ;
  L&= 7;
}
/* * * * * * * * * * * DS18B20* * * * * * * * * * * * * * * * * * * * * /
sbit DQ= P3^5;      //映射温度传送数据 I/O 口为 P3.5
unsigned int temp_ value;        //温度值
#define show_ temp_ value str[0]= temp_ value/10%10, str[1]= temp_ value%10, str[2]= 11, str
[5]= 12, str[6]= 13, str[7]= LV%10
                          //显示 tempC 和亮度等级格式为 00C Lv0
#define extinguish_ temp_ value str[0]= str[1]= str[2]= str[5]= str[6]= str[7]= 10      //数码
管不显示
/* * * * * * * DS18B20 子程序* * * * * * * * * * * * * * * * * * * * * /
```

```
/* * * * * * * DS18B20 延迟子函数(晶振 12MHz )* * * * * * * /

void delay_ us(unsigned int i)      //1 个单位为 24 μs
{
  while (- - i);
}
/* * * * DS18B20 初始化函数* * * * * * * * * * * /
unsigned char RST_ DS18B20(void)
{
  unsigned char  x= 1;       //默认设置为初始化失败
  DQ= 1;            //DQ 复位
  delay_ us(1);      //稍做延时 24 μs
  DQ= 0;             //单片机将 DQ 拉低
  delay_ us(30);    //精确延时 480~960 μs, 取中间值 720 μs
  DQ= 1;            //释放总线
  delay_ us(2);      //延时 15~60 μs
  delay_ us(5);      //DS18B20 应答信号时间为 60~240 μs, 取值 120 μs
  x= DQ;       //稍做延时后如果 x= 0 则初始化成功, x= 1 则初始化失败
  return(x);
}


/* * * * * * * * * * * DS18B20 读一个字节* * * * * * * * * * * * * * /
unsigned char ReadOneChar(void)
{
  unsigned char i= 0;
  unsigned char dat =  0;
  for (i= 8; i> 0; i- - )
  {
    dat> > = 1;      //数据右移 1 位
    DQ= 0;      //拉低总线产生读信号
    DQ= 1;       //释放总线, 准备读数据
    if(DQ)dat| = 0x80;      //如果 DQ 为 1, dat 最高位放入数据
    delay_ us(2);       //延时 48 μs, DS18B20 数据会保持 45 μs
  }
  return(dat);
}


/* * * * * * * * * * * * * DS18B20 写一个字节* * * * * * * * * * * * * /
void WriteOneChar(unsigned char dat)
{
  unsigned char i= 0;
  for (i= 8; i> 0; i- - )
  {
```

```
    DQ= 0;              //拉低总线，产生写信号
    DQ= dat&0x01;       //把数据最低位输出给总线
    delay_us(1);        //延时 24 μs
    DQ= 1;              //释放总线，等待总线恢复
    dat> > = 1;         //准备下一位数据的传送
  }
}


/* * * * * * * * * * * 读取 DS18B20 当前温度* * * * * * * * * * * * * /
void ReadTemp(void)
{
  unsigned char a= 0;
  unsigned char b= 0;
  if(! RST_DS18B20())     //判断是否初始化成功
  {
    WriteOneChar(0xCC);       // 跳过读序号列号的操作
    WriteOneChar(0x44);       // 启动温度转换
    delay_us(41667);        //延时 1s，等待转换完成
    if(! RST_DS18B20())      //判断是否初始化成功
    {
      WriteOneChar(0xCC);        //跳过读序号列号的操作
      WriteOneChar(0xBE);        //读取温度寄存器等(共可读 9 个寄存器)，前两个就是温度
      delay_us(41667);        //延时 1 s，准备读取数据
      a= ReadOneChar();       //读取温度值低位
      b= ReadOneChar();       //读取温度值高位
      temp_value= b< < 4;
      temp_value+ = (a&0xf0)> > 4;
    }
  }
}
/* * * * * * * * * * * * 独立按键* * * * * * * * * * * * * * * * * * * * * /
sbit SB1= P2^2;
sbit SB2= P2^3;
sbit SB3= P2^4;
void KEY()  //按键
{
  static unsigned int ms;
  if(SB1= = 0‖SB2= = 0‖SB3= = 0)     //判断按键有无按下
  {
    if(++ ms= = 100)   //防抖动
    {
      if(SB1= = 0)RUN_or_STOP= ! RUN_or_STOP;     //启动或停止
      if(SB2= = 0&&RUN_or_STOP)set_mark= ! set_mark;     //自动和手动切换
      if(SB3= = 0&&RUN_or_STOP&&set_mark= = 0)LV++ , LV% = 10; //等级调节, 0~9
```

```
        if(RUN_ or_ STOP)show_ LED, show_ temp_ value; //当系统启动时，显示数码管和 LED
        if(! RUN_ or_ STOP)extinguish_ LED, extinguish_ temp_ value;
                                        //当系统停止时，关闭数码管和 LED
    }
  }
  else ms= 0;      //计时清零
}
/* * * * * * * * * * * * * * * * * * * * * * * * * * * * * * * * * * * * * /
void auto_ mode()    //自动模式
{
  if(RUN_ or_ STOP)
  {
    if(temp_ value> 30)LV= 0;      //当温度超过 30℃时，等级置为 0 级
    else if(temp_ value< = 20)LV= 9;     //当温度低于或等于 20℃时，等级置为 9 级
    else LV= 30- temp_ value;       //运算
  }
}
void TIME0_ ROUTING() interrupt 1
{
  TH0= 0xfc;     //11. 0592MHz
  TL0= 0x66;     //1ms 定时器
  KEY();    //按键
  Display();     //数码管显示
}
void INIT_ TIME0()    //定时器 0 初始化
{
  TMOD =  0x01;     //设置模式
  TH0= 0xfc;    //11. 0592MHz
  TL0= 0x66;    //1ms 定时器
  ET0= 1;     //允许中断标志位
  TR0= 1;     //开始计时标志位
  EA= 1;     //中断总开关
}
void main()
{
  INIT_ TIME0();
  while (1)
  {
    if(RUN_ or_ STOP= = ON)show_ temp_ value, show_ LED, ReadTemp();
                        //当启停标志位打开时开始检测温度
    if(set_ mark)auto_ mode();      //自动模式
  }
}
```

3. 程序说明

本程序主要通过 DS18B20 来读取温度并由按键来控制灯光亮度以达到恒温效果。其中定义了一个 LV 变量：用来控制 LED 灯光的亮度等级。位变量 RUN_or_STOP 用来标志温度的采样启停。位变量 set_mark 用来控制自动和手动的切换。KEY()函数用来启停温度采样，调节 LED 灯光等级亮度和自动/手动的切换。RST_DS18B20()函数用于初始化 DS18B20。ReadOneChar()函数用于 DS1820 读一个字节。WriteOneChar()函数用于 DS1820 写一个字节。ReadTemp()函数用于读取 DS18B20 当前温度。auto_mode()函数用于自动模式下的等级调节。

8.3.2.5 任务实施步骤

(1)硬件电路连接。按照图 8-17 所示的硬件电路接线图，选择所需的模块并进行布局，然后将电源模块、主机模块、数码管显示模块、独立键盘和 DAC0832 模块等用导线进行连接。单片机使用仿真器的仿真头来代替接入。

(2)打开 MedWin 软件，通过执行菜单"项目管理"→"新建项目"命令，新建立一个工程项目 FDJ，然后再建一个文件名为 FDJ.C 的源程序文件，将上面的参考程序输入并保存。

(3)单击"重新产生代码并装入"按钮或使用【Ctrl】+【F9】快捷键，对源程序进行编译和链接，产生目标代码并装入仿真器中。

(4)接通电源，让仿真器运行，观察机械手是否复位，通过对应按键操作检测系统工作是否正常。

(5)进行扎线，整理。

8.3.2.6 任务评价

任务完成后要填写任务评价表，见表 8-3。

表 8-3 任务二完成情况评价表

任务名称				评价时间	年 月 日		
小组名称			小组成员				
评价内容	评价要求	权重	评价标准	学生自评得分	小组评价得分	教师评价得分	合计
职业与安全意识	(1)工具摆放、操作符合安全操作规程； (2)遵守纪律，爱惜设备和器材，工位整洁； (3)具有团队协作精神	10%	好(10) 较好(8) 一般(6) 差(<6)				
模块的布局和布线工艺	(1)模块布局合理，模块的选择应符合要求； (2)根据需要选择不同颜色的导线进行连接，导线连接应可靠，走线合理，扎线整齐、美观	15%	好(15) 较好(12) 一般(9) 差(<9)				

续表

评价内容	评价要求	权重	评价标准	学生自评得分	小组评价得分	教师评价得分	合计
任务功能测试	(1)编写的程序能成功编译； (2)程序能正确烧写到芯片中； (3)能按任务要求复位； (4)能够通过对应按键的操作控制系统检测温度； (5)能够通过按键操作孵化灯亮度	60%	好(60) 较好(45) 一般(30) 差(<30)				
问题与思考	(1)若需要检测孵化室内多点温度，使用DS18B20温度传感器，如何使布线最简单? (2)试着使用DS18B20寄生电源方式测量温度	15%	好(15) 较好(12) 一般(9) 差(<6)				
教师签名			学生签名			总分	
任务评价＝学生自评(0.2)＋小组评价(0.3)＋教师评价(0.5)							

8.4 知识拓展

8.4.1 寄生电源

8.4.1.1 DS18B20寄生电源供电——上拉电阻方式

DS18B20可以通过DQ数据口进行寄生电源供电。通过上拉电阻进行寄生电源供电的电路图如图8-18所示，在此供电方式下，DS18B20从单线信号线上汲取能量：在信号线DQ处于高电平期间把能量储存在DS18B20内部集成的电容里，在信号线处于低电平期间消耗电容上的电能工作，直到高电平到来时再给寄生电源(电容)充电。

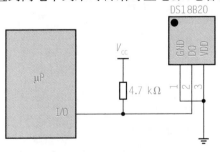

图8-18 DS18B20寄生电源供电方式接线图

独特的寄生电源方式有三个好处：

（1）进行远距离测温时，无须本地电源。

（2）可以在没有常规电源的条件下读取 ROM。

（3）电路更加简洁，仅用一根 I/O 口线就能实现测温。

要想使 DS18B20 进行精确的温度转换，I/O 口线必须保证在温度转换期间提供足够的能量，由于每个 DS18B20 在温度转换期间工作电流达到 1 mA，当几个温度传感器挂在同一根 I/O 口线上进行多点测温时，只靠上拉电阻则无法提供足够的能量，会造成无法转换温度或温度误差极大的情况。

因此，图 8-18 电路只适应于单一温度传感器测温情况下使用，不适宜采用电池供电系统中。并且工作电源 V_{cc} 必须保证在 5 V，当电源电压下降时，寄生电源能够汲取的能量也降低，会使温度误差变大。

8.4.1.2　DS18B20 寄生电源供电——强上拉供电方式

由于上拉电阻对 DS18B20 供电的方式不能满足多个传感器的供电。所以我们可以把其供电电路修改成强上拉供电来解决这个问题。其改进电路如图 8-19 所示。为了使 DS18B20 在动态转换周期中获得足够的电流供应，当进行温度转换或拷贝到 EEPROM 存储器操作时，用 MOS 管把 I/O 口线直接拉到 V_{cc} 就可提供足够的电流，在发出任何涉及拷贝到 EEPROM 存储器或启动温度转换的指令后，必须在最多 10 μs 内把 I/O 口线转换到强上拉状态，延时等待转换完成或拷贝完成后，应立即关闭强上拉方式。在强上拉方式下可以解决电流供应不足的问题，因此也适合于多点测温应用，缺点就是要多占用一根 I/O 口线进行强上拉切换。

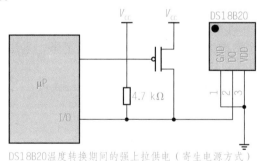

DS18B20 温度转换期间的强上拉供电（寄生电源方式）

图 8-19　DS18B20 寄生电源供电方式接线图

8.4.2　DS18B20 使用中的注意事项

DS18B20 虽然具有测温系统简单、测温精度高、连接方便、占用口线少等优点，但在实际应用中也应注意以下几方面的问题。

（1）较小的硬件开销需要相对复杂的软件进行补偿，由于 DS18B20 与微处理器间采用串行数据传送，因此，在对 DS18B20 进行读写编程时，必须严格地保证读写时序，否则将无法读取测温结果。在使用 PL/M、C 等高级语言进行系统程序设计时，对 DS18B20 操作部分最好采用汇编语言实现。

（2）在DS18B20的有关资料中均未提及单总线上所挂DS18B20数量的问题，容易使人误认为可以挂任意多个DS18B20，在实际应用中并非如此。当单总线上所挂DS18B20超过8个时（TTL电路总线一般设计不超过8个），就需要解决微处理器的总线驱动问题，这一点在进行多点测温系统设计时要加以注意。

（3）连接DS18B20的总线电缆是有长度限制的。试验中，当采用普通信号电缆传输长度超过50 m时，读取的测温数据将发生错误。当将总线电缆改为双绞线带屏蔽电缆时，正常通信距离可达150 m，当采用每米绞合次数更多的双绞线带屏蔽电缆时，通信距离进一步加长。这种情况主要是由总线分布电容使信号波形产生畸变造成的。因此，在用DS18B20进行长距离测温系统设计时要充分考虑总线分布电容和阻抗匹配问题。

（4）在DS18B20测温程序设计中，向DS18B20发出温度转换命令后，程序总要等待DS18B20的返回信号，一旦某个DS18B20接触不好或断线，当程序读该DS18B20时，将没有返回信号，程序进入死循环。这一点在进行DS18B20硬件连接和软件设计时也要给予一定的重视。测温电缆线建议采用屏蔽4芯双绞线，其中一对线接地线与信号线，另一组接V_{CC}和地线，屏蔽层在源端单点接地。

8.5 思考与练习

1. 使用YL—236单片机实训考核平台完成任务一室温检测系统的模拟制作。

2. 使用YL—236单片机实训考核平台完成任务二智能孵蛋控制系统的模拟制作。

3. 考虑一下，在多个室内需要多点检测温度的情况下，采用哪种温度传感器能使布线最简单？请设计布线线路，并画出线路图。

4. 试着编写在单一总线上读取多个DS18B20温度的程序。

电梯轿厢内部控制器的制作

9.1 项目介绍

现代电梯主要由曳引机(绞车)、导轨、对重装置、安全装置(如限速器、安全钳和缓冲器等)、信号操纵系统、轿厢与厅门等组成。图 9-1 为电梯轿厢实物图。载人电梯都是微机控制的智能化、自动化设备,不需要专门的人员来操作驾驶,普通乘客只要按下列流程乘坐电梯即可。

图 9-1 电梯轿厢实物图

(1)在乘梯楼层电梯入口处,根据自己上行或下行的需要,按上方向或下方向箭头按钮,只要按钮上的灯亮,就说明你的呼叫已被记录,只要等待电梯到来即可。

(2)电梯到达开门后,先让轿厢内人员走出电梯,然后呼梯者再进入电梯轿厢。进入轿厢后,根据你需要到达的楼层,按下轿厢内操纵盘上相应的数字按钮。同样,只要该按钮灯亮,则说明你的选层已被记录;此时不用进行其他任何操作,只要等电梯关门并到达你的目的层停靠即可。

(3)电梯行驶到你的目的层后会自动开门,此时按顺序走出电梯即结束了一个乘梯过程。

本项目主要任务就是来制作一个模拟的电梯轿厢内部控制器。其中主要分为两个方面的控制:①响应按键使电梯到达对应楼层。②利用步进电机模拟电梯上下楼运行。

9.2 项目知识

9.2.1 步进电机

步进电机是将电脉冲信号转变为角位移或线位移的开环控制元件。在非超载的情况下，电机的转速、停止的位置只取决于脉冲信号的频率和脉冲数，而不受负载变化的影响，当步进驱动器接收到一个脉冲信号，它就驱动步进电机按设定的方向转动一个固定的角度，称为"步距角"，它的旋转是以固定的角度一步一步运行的。可以通过控制脉冲个数来控制角位移量，从而达到准确定位的目的；同时可以通过控制脉冲频率来控制电机转动的速度和加速度，从而达到调速的目的。

本项目中使用的步进电机为 42BYGH 两相步进电机，如图 9-2 所示。

图 9-2　步进电机外观示意图

9.2.2 SJ-230M2 两相步进电机驱动器

由于单独使用驱动芯片来驱动步进电机需要占用较多的 I/O 口，而且程序编写较为复杂，所以步进电机一般是和步进电机驱动器一起使用的。本项目中使用 SJ-230M2 两相步进电机驱动器来进行驱动步进电机。由于有了步进电机驱动器，只要把电机的两个线圈——线圈 A、B 与驱动器连接，就能通过驱动器对步进电机进行控制了。

9.2.2.1 SJ-230M2 步进电机驱动器参数

YL—236 实训考核装置使用 SJ-230M2 步进电机驱动器，其外形如图 9-3 所示。SJ-230M2 驱动器驱动二相混合式步进电机，该驱动器采用原装进口模块，实现高频斩波，恒流驱动，具有很强的抗干扰性、高频性能好、启动频率高、控制信号与内部信号实现光电隔离、电流可选、结构简单、运行平稳、可靠性好、噪声小，带动 3.0 A 以下所有的 42BYG、57BYG 系列电机二相混合式步进电机。

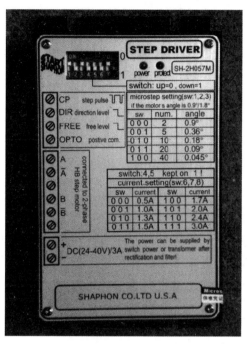

图 9-3　SJ-230M2 步进电机驱动器

9.2.2.2　SJ-230M2 驱动器细分及电流设定

SJ-230M2 驱动器是用驱动器上的拨盘开关来设定细分数及相电流的，根据面板的标注设定即可；在控制器频率允许的情况下，尽量选用高细分数；具体设置方法请参考表 9-1。

表 9-1　驱动器细分及电流设置表

拨盘开关设定 ON=0，OFF=1			
细分设定(位 1、2、3)以 0.9°/1.8°电机为例			
位 123	细分数		步距角/(°)
000	2		0.9
001	4		0.45
010	8		0.225
011	16		0.112 5
100	32		0.056 25
位 4、5 请保持在 OFF 位置！			
电机相电流设定(位 6、7、8)			
位 678	电流/A	位 678	电流/A
000	0.5	100	1.7

续表

拨盘开关设定 ON=0，OFF=1			
001	1.0	101	2.0
010	1.3	110	2.4
011	1.5	111	3.0

9.2.2.3　SJ-230M2 驱动器步进脉冲信号 CP

步进脉冲信号 CP 用于控制步进电机的位置和速度，也就是说，驱动器每接受一个 CP 脉冲就驱动步进电机旋转一个步距角（细分时为一个细分步距角）。CP 脉冲的频率改变则同时使步进电机的转速改变。控制 CP 脉冲的个数，可以使步进电机精确定位。这样就可以很方便地达到步进电机调速和定位的目的。本驱动器的 CP 信号为低电平有效，要求 CP 信号的驱动电流为 8～15 mA，对 CP 的脉冲宽度也有一定的要求，一般不小于 5 μs（参见图 9-4）。其中需要注意的是脉冲信号幅值：高电平为 4.0～5.5 V，低电平为 0～0.5 V。

脉冲信号工作状态即占空比为 50% 或 50% 以下，脉冲宽度需要≥5 μs。

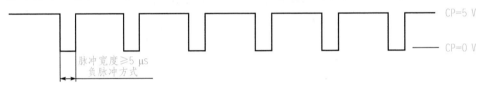

图 9-4　CP 脉冲信号波形图

9.2.2.4　SJ-230M2 驱动器方向电平信号 DIR

方向电平信号 DIR 用于控制步进电机的旋转方向。此输入端的高低电平，对应控制电机切换不同的转向。电机换向必须在电机停止后再进行，并且换向信号一定要在前一个方向的最后一个 CP 脉冲结束后以及下一个方向的第一个 CP 脉冲前发出（参见图 9-5）。注：在 YL—236 实训平台中，DIR 为"1"时，步进电机带动标尺箭头向左运行，DIR 为"0"时，步进电机带动标尺箭头向右运行（1 左 0 右）。

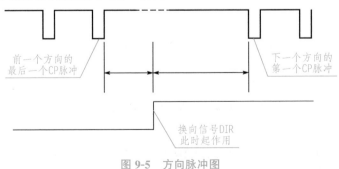

图 9-5　方向脉冲图

9.2.3 步进电机运行的基本驱动程序

通过对 SJ-230M2 步进电机驱动器的了解，现在我们可以试着编写简单的步进电机运行程序了。其流程如图 9-6 所示。

对应图 9-4 所示脉冲信号波形得知，其 CP 负脉冲宽度必须大于等于 5 μs，所以我们让步进电机运行一个脉冲的宏定义程序如下：

`#define STEP {CP= 0; delay5us(); CP= 1;}`

其中 delay5us() 为延时 5μs 的子程序。

倘若想让步进电机向左移动 1 000 个脉冲的距离，其程序如下：

图 9-6　步进电机运行程序流程图

```
#define DIR P3_ 1
#define STEP  CP= 1, CP= 0, CP= 0, CP= 0, CP= 0, CP= 0, CP= 1
void Move1000()              //移动 1000 个脉冲子程序
{
  unsigned char i;
  DIR= 1; //控制方向为←
  for(i= 0; i< 1000; i++ )//137 步为 1mm
  {
  STEP;
  Delay();                  //延时一小段时间
  }
}
```

要完成本任务，还需要了解步进电机精确移动的相关知识。在前面介绍中我们得知，步进电机模块中，步进电机运行的距离由步进电机驱动器的细分数和发送的 CP 脉冲的个数来决定。

每发送一个 CP 脉冲，步进电机转过一个角度，从而带动驱动轮前进使指针在刻度线上运动，根据驱动轮的周长就可以计算出移动的距离，见表 9-2。

表 9-2　驱动器细分数及步距角

拨盘开关设定 ON=0，OFF=1		
细分设定(位 1、2、3)以 0.9°/1.8°电机为例		
位 123	细分数	步距角/(°)
000	2	0.9
001	4	0.45
010	8	0.225

续表

拨盘开关设定 ON=0，OFF=1		
011	16	0.112 5
100	32	0.056 25
位 4、5 请保持在 OFF 位置！		

　　为了使步进电机运行最平稳，抖动最小，我们选择最细细分，32 细分。经过测试，步进电机在 32 细分下，每走 137 步，就移动 1 mm。（由于不同模块中步进电机模块驱动齿轮周长可能有细微差别，此数值只做参考）。

　　由此，可以编写让步进电机精确向右移动 n 毫米的子程序，其程序如下：

```
#define CP  P3_0
#define DIR  P3_1
#define STEP  CP= 1, CP= 0, CP= 0, CP= 0, CP= 0, CP= 0, CP= 1
void Move1mm(unsigned char n)          //移动 n 个毫米子程序
{
unsigned char i;
DIR= 0;      //控制方向为→
while(n- - )
{
```

```
  for(i= 0; i< 137; i++ )             //137步为 1 mm
  {
  STEP;
  Delay();                           //延时一小段时间
  }
}
}
```

9.3　项目操作训练

步进电机水平位移
控制器（项目实施）

9.3.1 任务一　制作步进电机水平位移控制器 ▶▶▶

9.3.1.1　任务要求

使用 YL—236 单片机实训考核装置制作一个步进电机水平位移控制器。其要求如下：
(1)单片机上电后，8 位 LED 数码管靠右显示 00.0，步进电机自动复位至 0.0 cm 处。
(2)通过 4×4 行列键盘，控制步进电机按照以下方式运行：
①系统复位后，"0～9"键按下后，步进电机指针移动到相应位置。例如：按下"1"键，

步进电机指针移动到 1 cm 处，按下"9"键，步进电机指针移动到 9 cm 处，按下"0"键，步进电机指针移动到 0 cm 处。

②数码管右边三位显示当前厘米数，比如移动到 3.3 cm 处，则在数码管上显示 03.3。（指针移动时，显示随指针变化而变化）

> **注意:**
>
> 　　步进电机移动时，应直接移动到对应位置，不可返回 0 cm 处再移动到对应位置。本项目中，晶振频率为 11.059 2 MHz，并假设时钟频率非常稳定，无任何偏差。

9.3.2　任务分析

明确任务要求后，我们开始对任务进行分析。本任务可以分解成以下三个任务包。

1. 步进电机复位任务

初始化开始时，控制步进电机进行复位，使步进电机指针走到 0.0 cm 处。由于单片机上电时，步进电机指针位置不确定，所以本步骤是步进电机运行中必备的步骤。其任务完成思路如下：首先，步进电机指针移动至最左端限位位置（即 RL 输出限位信号），然后根据调试结果向右移动一定数量脉冲至 0 cm 位置。由于 YL—236 平台中，每个步进电机指针模块都有微小的机械误差，所以需要根据硬件做调试。通过调试计算出 0 位位置。

2. 按键控制步进电机位移任务

主要负责按键键值的采集与步进电机按照对应按键做出不同位移。其软件流程如图 9-7 所示。

要让步进电机运行到指定的毫米位置，必须首先测量出本系统给步进电机发送多少个脉冲才能使步进电机运行 1 mm。在 YL—236 单片机实训平台中，在最细细分下，步进电机发送 137 个脉冲，指针移动 1 mm。

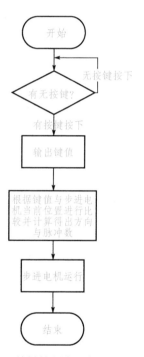

图 9-7　按键控制步进电机位移流程图

3. 数码管显示与步进电机运行位置同步

数码管应按照步进电机当前位置实时显示。所以，必须有一个当前位置参数，实时分解此参数的各十进制位，放入数码管显示缓存中去。

9.3.3　硬件电路

用 YL—236 实训考核装置实现本任务要求的硬件模块接线图如图 9-8 所示。

该电路由单片机的主机模块最小系统、数码管显示模块、指令模块中的矩阵键盘、步进电机模块共同组合而成。电源模块为各部分电路提供电源。连线接口如图 9-8 所示。

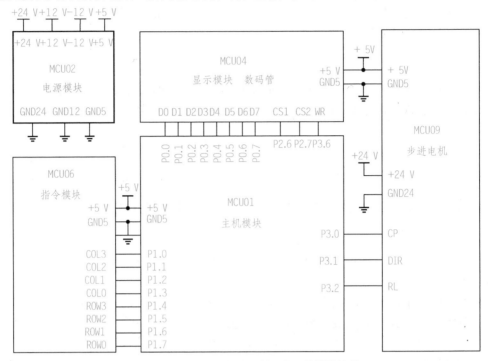

图 9-8　步进电机水平位移控制器硬件模块接线图

9.3.4　任务程序的编写

1. 主程序流程图

步进电机水平位移控制器主程序流程图如图 9-9 所示。

步进电机水平位移
控制器（程序）

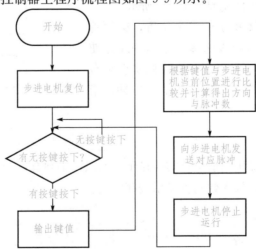

图 9-9　步进电机水平位移控制器主程序流程图

2. 参考程序

	步进电机水平移位控制器参考程序	BJDJ. C

```c
#include "reg52.h"
unsigned char xdata DM _ at_ 0x7fff;        //定义总线 P2.7 口
unsigned char xdata PX _ at_ 0xbfff;        //定义总线 P2.6 口
sbit CP = P3^0;                             //定义 CP
sbit DIR = P3^1;                            //定义 DIR
sbit RL = P3^2;                             //定义 RL
unsigned int NOW_ MM;
//go 用于表示步进电机需要去的位置，now 表示步进电机的当前位置
#define  STEP CP= 0, CP= 0, CP= 0, CP= 0, CP= 0, CP= 1    //一个脉冲
#define KEYIO P1
unsigned char code smg[]=
{
  0xc0, 0xf9, 0xa4, 0xb0, 0x99, 0x92, 0x82, 0xf8, 0x80, 0x90, 0xff   //用于存放段码
};
unsigned char str[8]=
{
  10, 10, 10, 10, 10, 10, 10, 10                //用于选择段码
};
void display()
{
  static unsigned char p;
  PX= 255;                           //清空 PX
  if(p= = 6&&str[6]! = 10)           //判断第 6 个数码管是不是有显示
  DM= smg[str[p]]&0x7f;              //有显示的话让他显示一个点"."
  else
  DM= smg[str[p]];                   //给段码赋值
  PX= ~(0x80> > p);                  //根据 P 来选择显示的数码管
  p++ ;
  p&= 7;
}
void delay(unsigned int time)
{
  while (time- - )     //delay 延时
  {
  }
}
void BJDJFW()                        //步进电机复位程序
{
  unsigned int t;
  DIR= 1;                           //选择方向，左
  while (RL= = 0)    //判断是否移动到位，若不到位则继续移动，直到到位后跳出
  {
```

```
    STEP;                              //一个脉冲
    delay(5);                              //适当延时
  }
  DIR= 0;                            //选择方向，向右
  for (t= 0; t< 1330; t++ )                //向右移动 1330 个脉冲，刚好到 0.0 cm
  {
    STEP;
    delay(5);
  }
}
void MOVE(unsigned char go)          //步进电机移动程序
{
  static unsigned int mc= 0, now= 0;
  now= NOW_ MM/1370;                    //当前为厘米
  if((go * 1370)> NOW_ MM)              //判断前进方向
  {
    DIR= 0;                            //方向，向右
    for (mc= 0; mc< (go- now) * 1370; mc++ )    //步进电机移动
    {
      STEP;                          //脉冲
      NOW_ MM++ ;                        //当前位置改变
      delay(10);                       //适当延时
    }
  }
  else
  {
    DIR= 1;                            //方向，向左
    for (mc= 0; mc< (now- go) * 1370; mc++ )
    {
      STEP;
      NOW_ MM- - ;
      delay(10);
    }
  }
}
void TIME0_ ROUTING() interrupt 1
{
  TH0= 0xfc;
  TL0= 0x66;                          //清零溢出标志位
  display();                          //调用数码管程序
  str[5]= (NOW_ MM/137) /100%10;            //数码管靠右显示步进电机当前位置
  str[6]= (NOW_ MM/137) /10%10;
  str[7]= (NOW_ MM/137)%10;
}
void INIT_ TIME0()
{
  TH0= 0xfc;
  TL0= 0x66;                          //定时 1 ms
```

```
    TMOD &=  0xF0;
    TMOD | = 0x01;
    IP &=  0xFD;
    IE | = 0x02;
    ET0= 1;                           //开定时器 0 中断
    TR0= 1;                           //开定时器 0
    EA= 1;                            //开总中断
}
void InitInterrupt()
{
    INIT_ TIME0();
}
unsigned char keyio;
void KEY()                            //按键程序
{
    KEYIO= 0xf0;                      //给 P1 口赋值
    if(KEYIO! = 0xf0)                 //判断是否有按键按下
    {
        delay(1000);                  //防抖动
        keyio= KEYIO;                 //将 P1 的值赋给 keyio
        KEYIO= keyio| 0x0f;           //算出键值
        switch (KEYIO)
        {
        case 0x77: MOVE(0);           //去 0 cm
        break;
        case 0x7b: MOVE(1);           //去 1 cm
        break;
        case 0x7d: MOVE(2);           //去 2 cm
        break;
        case 0x7e: MOVE(3);           //去 3 cm
        break;
        case 0xb7: MOVE(4);           //去 4 cm
        break;
        case 0xbb: MOVE(5);           //去 5 cm
        break;
        case 0xbd: MOVE(6);           //去 6 cm
        break;
        case 0xbe: MOVE(7);           //去 7 cm
        break;
        case 0xd7: MOVE(8);           //去 8 cm
        break;
        case 0xdb: MOVE(9);           //去 9 cm
        break;
        default:    break;
        }
    }
}
void main()
```

```
{
  InitInterrupt();
  str[5]= str[6]= str[7]= 0;              //初始化显示 00.0
  BJDJFW();                               //步进电机复位
  while (1)
  {
    KEY();                                //调用按键程序
  }
}
```

3. 程序说明

本程序主要通过按键函数来实现对步进电机的控制。其中设置一个全局变量 NOW_MM，用来记录当前步进电机运行达到的毫米位置。设置一个全局变量 GO_MM，用来记录步进电机需要带动指针运行到的位置。通过上述两个变量的比较，很容易得出步进电机是否需要移动，并能够通过计算得出步进电机运行的方向与运行的脉冲数。

9.3.5　任务实施步骤

(1)硬件电路连接。按照图 9-8 所示的硬件电路接线图，选择所需的模块并进行布局，然后将电源模块、主机模块和数码管显示模块、矩阵键盘和步进电机模块用导线进行连接。

(2)打开 MedWin 软件，通过执行菜单"项目管理"→"新建项目"命令新建立一个项目文件 BJDJ，然后再建一个文件名为 BJDJ.C 的源程序文件并添加到项目中，将上面的参考程序输入并保存。

(3)对源程序进行编译和链接，产生目标代码并烧录到单片机中。

(4)接通电源，让单片机运行，观察步进电机是否复位，通过对应按键操作检测系统工作是否正常。

(5)进行扎线，整理。

9.3.5.1　任务评价

任务结束后，对任务完成情况进行评价，见表 9-3。

表 9-3　任务评价表

任务名称				评价时间		年　　　月　　　日	
小组名称			小组成员				
评价内容	评价要求	权重	评价标准	学生自评得分	小组评价得分	教师评价得分	合计
职业与安全意识	(1)工具摆放、操作符合安全操作规程； (2)遵守纪律，爱惜设备和器材，工位整洁； (3)具有团队协作精神	10%	好(10) 较好(8) 一般(6) 差(<6)				

续表

评价内容	评价要求	权重	评价标准	学生自评得分	小组评价得分	教师评价得分	合计
模块的布局和布线工艺	(1)模块布局合理，模块的选择应符合要求； (2)根据需要选择不同颜色的导线进行连接，导线连接应可靠，走线合理，扎线整齐、美观	15%	好(15) 较好(12) 一般(9) 差(<9)				
任务功能测试	(1)编写的程序能成功编译； (2)程序能正确烧写到芯片中； (3)能按任务要求使步进电机复位； (4)能够通过对应按键的操作使步进电机正常运行	60%	好(60) 较好(45) 一般(30) 差(<30)				
问题与思考	(1)说明步进电机驱动器的配置与编程的关系； (2)说明步进电机驱动程序设计的方法； (3)如何根据按键键值计算步进电机的移动方向与脉冲数	15%	好(15) 较好(12) 一般(9) 差(<6)				
教师签名			学生签名		总分		
任务评价＝学生自评(0.2)＋小组评价(0.3)＋教师评价(0.5)							

9.3.6 任务二 电梯轿厢内部控制系统

9.3.6.1 任务要求

电梯轿箱内部控制系统(项目实施)

（1）根据电梯装置的描述及控制系统具体要求，利用实训考核平台中相关模块及元件，构建一套模拟电梯轿厢内部控制系统。

（2）选择合适的模块及元件设计该电梯控制系统，并准确、规范地绘制以模块为基本单元的控制接线图。

（3）按工艺规范用连线连接电梯控制系统所需的各模块及元件。

（4）按电梯初始状态及工作过程要求编写单片机控制程序并进行调试，以达到电梯控制系统的要求。

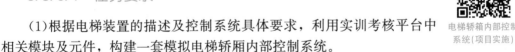
1. 电梯装置说明

（1）电梯结构为升降式，六层站，自下而上楼层为"第1层"到"第6层"。

（2）电梯轿厢在电梯井内可上下运行，可静止停靠某指定层。电梯的升降电机由步进电机代替，轿厢位置由水平放置的不锈钢直尺上的指针表示，轿厢静止在第1层时，底部位置应处于0.0 cm刻度处。轿厢位置说明如图9-10所示。轿厢位置因考核平台中相关模块不同，

允许存在固有误差(但不得大于0.5 cm)。各层
高度相同,用长度1.0 cm表示。

(3)轿厢厢门由直流电机控制,可以打
开、关闭及行程到位停止。电机正反转可控
制厢门的开和关。顺时针方向旋转表示厢门
开启,逆时针方向旋转表示厢门关闭。开启
或关闭厢门动作后,需要检测门到位跳变信
号,以便停止该动作。"开到位"和"关到位"
分别由一个接近开关触发。

(4)电梯轿厢内有十个控制按键,可输入
楼层号"1~6""关"(关门)"开"(开门)"警"(报
警)、"消"(消除报警)共十个命令。按下某层
号,电梯在关门状态下,运行到指定楼层并
开门。按键位置排列说明如图9-10所示,未
标出的按键始终无效。

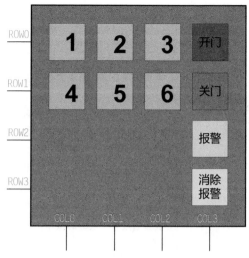

图9-10 轿厢内控制键盘的按键位置排列说明

(5)电梯轿厢内有一只报警喇叭。当用户按下"警"(报警)按钮时,进入报警状态,喇
叭持续鸣响。当用户按下"消"(消除报警)按钮时,恢复正常状态,停止鸣响。喇叭由主机
模块的蜂鸣器代替。

(6)电梯轿厢内有一块数码显示板,可指示呼叫停靠层数字,同时显示当前所在楼层
位置及秒计时。显示板由8个数码管组成,如图9-10所示。其左边六位可分别显示"1"
"2""3""4""5""6"六个数字,点亮代表有效的呼梯楼层,即需要停靠的楼层号,停靠后门
自动开启,门开启到位后该位自动熄灭。左起第七位表示当前电梯所在楼层。右末位为秒
循环十进制计数。轿厢数码显示板说明见表9-4。

表9-4 轿厢数码显示板说明

DS7	DS6	DS5	DS4	DS3	DS2	DS1	DS0
1	2	3	4	5	6	1~6	0~9
1层	2层	3层	4层	5层	6层	楼层	秒表
注1						注2	注3
注1:需要停靠某楼层时,稳定显示对应指定内容,否则熄灭。							
注2:稳定显示电梯轿厢底部当前最接近的楼层号。							
注3:持续稳定循环0~9,间隔时间为1秒。							

(7)电梯装置配有电梯运行状态液晶显示屏。电梯运行状态液晶显示屏可以根据实际
状态,在任一固定位置分别显示"上行""下行""开门""门开""关门""门关"和"报警"七种状
态信息。报警优先,且报警撤销后能恢复原显示状态。汉字均采用16×16点阵标准中文
字体显示。

(8)整套电梯系统由单片机作为核心来控制完成电梯装置的手动开门、手动关门、自
动关门、上行、下行、停止、顺向响应轿内停靠命令、报警、撤销报警、轿厢层号显示及
各状态显示屏的指示功能。

2. 电梯初始状态要求

电梯开机后，轿厢在任意初始位置能自动完成关门并下行到达第一层，同时 LCD 显示器显示电梯运行状态：

(1)数码管显示"1XXXXXX0"(DS1 数码管秒计数开始，X 表示不显示)，直流电机驱动关门，LCD 显示"关门"；

(2)一旦检测到门关到位信号，直流电机停止，步进电机运行电梯下行，LCD 显示"下行"；

(3)一旦检测到限位信号，步进电机停止，电梯开门，LCD 显示"开门"；

(4)一旦检测到门开到位信号，直流电机停止，LCD 显示屏显示"门开"，DS8 数码管灭，DS2 数码管显示 1；

(5)如果按下"警"键，进入报警状态：喇叭持续鸣响，LCD 显示屏显示"报警"；

(6)如果按下"消"键，恢复正常状态：喇叭停止鸣响，LCD 显示屏恢复原显示；

(7)如果按下"开"键，假设当前轿厢门状态为关状态则执行开门动作，LCD 显示屏显示"开门"，到位后 LCD 显示屏显示"门开"；

(8)如果按下"关"键：假设当前轿厢门状态为开状态则执行关门动作，LCD 显示屏显示"关门"，到位后轿厢状态 LCD 点阵显示屏显示"门关"；

(9)等待接收轿厢键盘停靠楼层命令。

3. 电梯控制系统的工作要求

(1)当按下任一单个停靠楼层命令时，电梯自动关门后，自动运行到该楼层停靠并开门，等待 2 秒后自动关门。电梯轿厢内数码显示板和电梯运行状态液晶显示屏的显示内容按电梯装置说明中的要求进行显示。

(2)能随时记忆有效停靠命令，确定电梯运行方向。能响应顺向厢内 2 个层站以上的停靠命令，并到层后消除对应的停靠命令(第一个有效楼层命令可作为电梯运行方向判别，即电梯在上升运行中，只响应大于等于下一途经楼层的厢内停靠命令)。如在初始状态后，按下 3 楼层或 2 楼层，电梯应分别上行到 2 楼或 3 楼停靠；同时电梯轿厢内数码显示板和电梯运行状态液晶显示屏按电梯装置说明中的要求显示。

9.3.6.2 任务分析

上一个任务中我们其实已经模拟了如何通过按键模拟控制电梯到达各个楼层了。有了基础再来做电梯轿厢内部控制器就事半功倍了。硬件上只需要在原来步进电机程序的基础上增加开关门(直流电机控制)和液晶模块的显示。软件上相对复杂一些，还需要增加楼层优先级的判断。

9.3.6.3 硬件电路

用 YL—236 实训考核装置实现本任务要求的硬件模块接线图如图 9-11 所示。

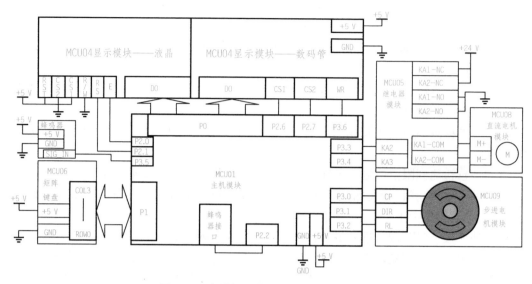

图 9-11　电梯轿厢内部控制器模块接线图

9.3.6.4　任务程序的编写

🎯 **1. 主程序流程图**

电梯轿厢内部控制器主程序流程图如图 9-12 所示。

电梯轿箱内部控制
系统(程序)

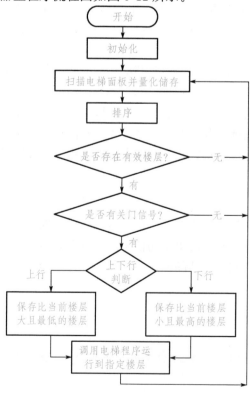

图 9-12　电梯轿厢内部控制器主程序流程图

2. 参考程序

电梯轿厢内部控制器参考程序   **DIANTI. C**

```c
#include < reg52. h>
#define K_ IO P1                          //键盘 I/O 口, P1.0 接 ROW0
sbit K1= P3^5;                            //接拨码开关模拟开关门到位信号, 1 有效
sbit BEE= P2^2;                           //超重报警蜂鸣器
/* * * * * * * * * * * * 液晶* * * * * * * * * * * * * * * * * * * * * * */
sbit  E= P2^0;                            //始能端
sbit  RS= P2^1;                           //寄存器选择。1: 数据; 0: 指令
#define DATA P0                           //数据传输口
/* RST 为硬件复位端; R/W 为读写操作选择, 1: 读, 0: 写; CS1 为左半屏显示; CS2 为右半屏
显示;
RST, CS1 接正电源, R/W, CS2 接地* /
/* * * * * * * * * * * * 步进电机* * * * * * * * * * * * * * * * * * * * */
sbit CP= P3^0;                            //脉冲输出口
sbit DIR= P3^1;                           //步进电机转动方向控制, "1"时为逆时针转
sbit YX= P3^2;                            //右限位
#define STEP CP= 1, CP= 0, CP= 0, CP= 0, CP= 0, CP= 0, CP= 0, CP= 1   //脉冲波
/* * * * * * * * * * * * 直流电机* * * * * * * * * * * * * * * * * * * * /
#define ZHEN P3&= 0xF7, P3| = 0x10        //直流电机正转模拟电梯开门
#define FAN  P3&= 0xEF, P3| = 0x08        //直流电机反转模拟电梯关门
#define STOP P3| = 0x18                   //直流电机停止
/* * * * * * * * * * * * 液晶显示* * * * * * * * * * * * * * * * * * * * /
#define SHOW_ CLOSE      HZ(0, 0, 1), HZ(0, 16, 2)   //液晶显示"关门"
#define SHOW_ DOORCLOSE  HZ(0, 0, 2), HZ(0, 16, 1)   //液晶显示"门关"
#define SHOW_ OPEN       HZ(0, 0, 6), HZ(0, 16, 2)   //液晶显示"开门"
#define SHOW_ DOOROPEN   HZ(0, 0, 2), HZ(0, 16, 6)   //液晶显示"门开"
#define SHOW_ DOWN       HZ(0, 0, 4), HZ(0, 16, 5)   //液晶显示"下行"
#define SHOW_ UP     HZ(0, 0, 3), HZ(0, 16, 5)       //液晶显示"上行"
#define SHOW_ CHAOZHONG  HZ(2, 0, 7), HZ(2, 16, 8)   //液晶超重显示"报警"
#define CLEAR_ CHAOZHONG HZ(2, 0, 0), HZ(2, 16, 0)   //清除液晶报警显示


#define NOW_ FLOOR LED_ STR[6]            //显示当前楼层
/* * * * * * * * * * * * 数码管显示* * * * * * * * * * * * * * * * * * * /
unsigned char xdata DM _ at_ 0x80ff;      //数码管段码总线地址   P2.7
unsigned char xdata PX _ at_ 0x40ff;      //数码管片选总线地址   P2.6
unsigned char code LED_ M7G[]=            //数码管 7 段码
{
  /* 0~9* /
  0xc0, 0xf9, 0xa4, 0xb0, 0x99, 0x92, 0x82, 0xf8, 0x80, 0x90,
  /* - , 无显示* /
  0xbf, 0xff,
};
unsigned char LED_ STR[8]= {11, 11, 11, 11, 11, 11, 11, 11};
void LED_ Display()                       //数码管显示子程序
{
```

```
    static unsigned char dp_ h;
    DM= 255;
    PX= 255;                                    //清余辉
    DM= LED_ M7G[LED_ STR[dp_ h]];              //给 LED 数码管发送相应的段码
    PX= ~(0x80> > dp_ h);                       //选通相应的 LED 数码管
    dp_ h++ ;
    dp_ h&= 0x07;                               //刷 8 次(8 个数码管)
}
unsigned char  Second, K_ temp, Temp;
unsigned int Ms;
bit flag_ time, flag, flag_ alarm;
/* * * * * * * * * * * * * * * * * * * * * * * * * * * * * * * * * * * * * * * * * * *
* * * * * * * * * * * * * * * * * /
/*          F u n c t i o n    D e f i n e                               * /
/* * * * * * * * * * * * * * * * * * * * * * * * * * * * * * * * * * * * * * * * * * *
* * * * * * * * * * * * * * * * * * * /
void InitInterrupt(void);                       //声明名为 InitInterrupt 的子程序
unsigned char Key(void);                        //声明 4×4 按键子程序
void Fuwei(void);                               //声明初始电梯复位子程序
void Inmove(void);                              //一厘米/一层楼
void Moveto(unsigned char );                    //声明电梯移动子程序
void Wait_ time(unsigned char);                 //声明等待子程序
/* * * * * * * * * * * * * * * * * 液晶子程序* * * * * * * * * * * * * * * * * * * * * * * *
* * * /
unsigned char code wow2[][32]=       //液晶段码
{
/* - 0- 显示为空  - - * /
/* - - 宋体 12;   此字体下对应的点阵为:宽 * 高= 16 *16  - - * /
0, 0, 0, 0, 0, 0, 0, 0, 0, 0, 0, 0, 0, 0, 0, 0, 0, 0, 0, 0, 0, 0, 0, 0, 0, 0, 0, 0, 0, 0,
0, 0,
/* - 1- 文字:   关  - - * /
/* - - 宋体 12;    此字体下对应的点阵为:宽 * 高= 16 *16   - - * /
0x00, 0x10, 0x10, 0x10, 0x11, 0x1E, 0x14, 0xF0, 0x10, 0x18, 0x17, 0x12, 0x18, 0x10,
0x00, 0x00,
0x01, 0x81, 0x41, 0x21, 0x11, 0x09, 0x05, 0x03, 0x05, 0x09, 0x31, 0x61, 0xC1, 0x41,
0x01, 0x00,
/* - - 2 文字:   门  - - * /
/* - - 宋体 12;   此字体下对应的点阵为:宽 * 高= 16 *16  - - * /
0x00, 0x00, 0xF8, 0x01, 0x06, 0x00, 0x02, 0x02, 0x02, 0x02, 0x02, 0x02, 0x02, 0xFE,
0x00, 0x00,
0x00, 0x00, 0xFF, 0x00, 0x00, 0x00, 0x00, 0x00, 0x00, 0x00, 0x00, 0x40, 0x80, 0x7F,
0x00, 0x00,
/* - 3- 文字:   上  - - * /
    /* - - 宋体 12;  此字体下对应的点阵为:宽 * 高= 16 *16  - - * /
0x00, 0x00, 0x00, 0x00, 0x00, 0x00, 0x00, 0xFE, 0x40, 0x40, 0x40, 0x40, 0x40, 0x00,
0x00, 0x00,
0x00, 0x40, 0x40, 0x40, 0x40, 0x40, 0x40, 0x7F, 0x40, 0x40, 0x40, 0x40, 0x40, 0x60,
0x40, 0x00,
```

```
/* - 4- 文字: 下  - - * /
/* - - 宋体 12;  此字体下对应的点阵为: 宽 * 高= 16 *16  - - * /
0x00, 0x02, 0x02, 0x02, 0x02, 0x02, 0x02, 0xFE, 0x22, 0x62, 0xC2, 0x82, 0x02, 0x03,
0x02, 0x00,
0x00, 0x00, 0x00, 0x00, 0x00, 0x00, 0x00, 0x7F, 0x00, 0x00, 0x01, 0x00, 0x00, 0x00,
0x00, 0x00,
/* - 5- 文字: 行  - - * /
/* - - 宋体 12;  此字体下对应的点阵为: 宽 * 高= 16 *16  - - * /
0x10, 0x08, 0x84, 0xC6, 0x73, 0x22, 0x40, 0x44, 0x44, 0x44, 0xC4, 0x44, 0x44, 0x44,
0x40, 0x00,
0x02, 0x01, 0x00, 0xFF, 0x00, 0x00, 0x00, 0x00, 0x40, 0x80, 0x7F, 0x00, 0x00, 0x00,
0x00, 0x00,
/* - 6- 文字: 开  - - * /
/* - - 宋体 12;  此字体下对应的点阵为: 宽 * 高= 16 *16  - - * /
0x40, 0x42, 0x42, 0x42, 0x42, 0xFE, 0x42, 0x42, 0x42, 0x42, 0xFE, 0x42, 0x42, 0x42,
0x42, 0x00,
0x00, 0x40, 0x20, 0x10, 0x0C, 0x03, 0x00, 0x00, 0x00, 0x00, 0x7F, 0x00, 0x00, 0x00,
0x00, 0x00,
/* - 7- 文字: 报  - - * /
/* - - 宋体 12;  此字体下对应的点阵为: 宽 * 高= 16 *16  - - * /
0x08, 0x08, 0x88, 0xFF, 0x48, 0x28, 0x00, 0xFF, 0xC1, 0x41, 0x41, 0x49, 0x51, 0xCF,
0x00, 0x00,
0x01, 0x41, 0x80, 0x7F, 0x00, 0x00, 0x00, 0xFF, 0x40, 0x23, 0x14, 0x1C, 0x33, 0x60,
0x20, 0x00,
/* - 8- 文字: 警  - - * /
/* - - 宋体 12;  此字体下对应的点阵为: 宽 * 高= 16 *16  - - * /
0x20, 0x1A, 0xFA, 0xAF, 0xAA, 0xEF, 0x0A, 0xFA, 0x10, 0x8F, 0x54, 0x24, 0x5C, 0x84,
0x04, 0x00,
0x02, 0x02, 0x02, 0xEA, 0xAA, 0xAA, 0xAB, 0xAA, 0xAB, 0xAA, 0xAA, 0xEA, 0x02, 0x02,
0x03, 0x00,
/* - 9- 文字: 复  - - * /
/* - - 宋体 12;  此字体下对应的点阵为: 宽 * 高= 16 *16  - - * /
0x00, 0x10, 0x08, 0x04, 0xFB, 0xAA, 0xAA, 0xAA, 0xAA, 0xAA, 0xAA, 0xAA, 0xFA, 0x02,
0x00, 0x00,
0x00, 0x80, 0x90, 0x48, 0x44, 0x27, 0x2A, 0x12, 0x12, 0x2A, 0x2A, 0x46, 0x42, 0xC0,
0x40, 0x00,
/* - 10- 文字: 位  - - * /
/* - - 宋体 12;  此字体下对应的点阵为: 宽 * 高= 16 *16  - - * /
0x00, 0xC0, 0x30, 0xEC, 0x03, 0x2A, 0xC8, 0x09, 0x0A, 0x0E, 0x08, 0xE8, 0x48, 0x08,
0x00, 0x00,
0x01, 0x00, 0x00, 0x7F, 0x20, 0x20, 0x20, 0x27, 0x20, 0x30, 0x2E, 0x21, 0x20, 0x20,
0x20, 0x00,
};
void Writezhilin(unsigned char zhilin)            //液晶写指令子程序
{
  RS= 0;
  DATA= zhilin;
  E= 1; E= 1; E= 1; E= 0;
```

```
}
void Writeshuju(unsigned char shuju)              //液晶写数据子程序
{
  RS= 1;
  DATA= shuju;
  E= 1; E= 1; E= 1; E= 0;
}
void Setonoff(unsigned char onoff)                //液晶显示开关子程序
{
  onoff| = 0x3e;
  Writezhilin(onoff);
}
void Setlie(unsigned char lie)                    //液晶列选子程序
{
  lie| = 0x40;
  Writezhilin(lie);
}
void Setye(unsigned char ye)                      //液晶行选子程序
{
  ye| = 0xb8;
  Writezhilin(ye);
}
void Clear(void)                                  //液晶清屏子程序
{
  unsigned char i, j;
  for (i= 0; i< 8; i++ )
  {
    Setye(i);
    for (j= 0; j< 64; j++ )
    {
      Setlie(j);
      Writeshuju(0x00);
    }
  }
}
void HZ(unsigned char page, unsigned char column, unsigned char Num)
//液晶汉字显示子程序
{
  unsigned char i;
  TR0= 0;
  Setlie(column);
  Setye(page);
  for(i= 0; i< 16; i++ )
  Writeshuju(wow2[Num][i]);
  Setlie(column);
  Setye(page+ 1);
  for(; i< 32; i++ )
  Writeshuju(wow2[Num][i]);
```

```
   TR0= 1;
}
void TIME1_ ROUTING() interrupt 1
{
  unsigned int ms100;
  unsigned char time;
  TH0= 0xf8;
  TL0= 0xcc;                              //定时器 0 的初始值，设置 2 ms
  K_ temp= Key();                        //扫描键盘
  if (++ ms100> = 500)
  {
    ms100= 0;
    if (++ time> 9)time= 0;
  }
  LED_ STR[7]= time%10;
  if (flag_ time= = 1)                   //秒计时标志，1 开始计时
  {
    Ms++ ;
    if (Ms> = 500)
    {
      Second++ ;                         //秒计时
      Ms= 0;
    }
  }
  if (flag_ alarm= = 1&&flag= = 0)       //判断是否报警
  {
    flag= 1;
    BEE= 1;                              //蜂鸣器响
    SHOW_ CHAOZHONG;                     //液晶显示"报警"
  }
  if (flag_ alarm= = 0&&flag= = 1)       //判断报警状态是否已调整
  {
    CLEAR_ CHAOZHONG;                    //清除液晶报警显示
    flag= 0;
  }
  if(flag= = 0)BEE= 0;                   //蜂鸣器不响
  LED_ Display() ;                       //调用数码管显示子程序
}
void Wait_ time(unsigned char n)        //等待 n 秒
{
  Ms= 0;
  Second= 0;                            //秒清零
  flag_ time= 1;                        //定时器秒开始计时
  while(Second< n);                     //等待达到设定的时间
  flag_ time= 0;                        //定时器秒结束计时
}
void INIT_ TIME0(void)                  //定时器初始状态设置子程序
{
```

```
    BEE= 0;                                  //初始蜂鸣器不响
    TMOD= 1;                                 //选择工作方式 1
    TH0= 0xf8;
    TL0= 0xcc;                               //定时器 0 的初始值设置为 2 ms, 晶振 11.0592Hz
    ET0= 1;                                  //定时器 0 的中断开关
    TR0= 1;                                  //定时器 0 计数开关
    EA= 1;                                   //中断总开关
}
void InitInterrupt(void)
{
    INIT_ TIME0() ;                          //调用定时器初始状态设置子程序
Fuwei();                                     //调用初始电梯复位子程序
}
void main()
{
    unsigned char  i, j;
    InitInterrupt();                         //调用 InitInterrupt 子程序
    while (1)
    {
        switch (NOW_ FLOOR)                  //选择当前楼层
        {
        case 1: for (i= 0; i< 6; i++ )
        //当前楼层在 1 楼, 判断其余楼层的按键是否按下, 如按下则移动到相应的楼层
        if(LED_ STR[i]! = 11)Moveto(i+ 1);    break;
        case 2: if (DIR= = 0)                //当前楼层在 2 楼, 判断电梯是否处于上行中
            {
            for (i= 1; i< 6; i++ )
              if(LED_ STR[i]! = 11)Moveto(i+ 1);
              //判断 2 楼以上的按键是否按下, 如按下则移动到相应的楼层
              if(LED_ STR[2]= = 11&&LED_ STR[3]= = 11&&LED_ STR[4]= = 11&&LED_ STR[5]= = 11)DIR
              = 1;
              //若 2 楼以上无按键按下, 则判断 2 楼以下的按键是否按下
            }
            else
            {
            if(LED_ STR[0]! = 11)Moveto(1);         //若 1 楼有按键按下则移动到 1 楼
            else DIR= 0;                             //否则判断 2 楼以上是否有按键按下
            } break;                                 //如果 1 楼有按键按下则移动到 1 楼
        case 3: if (DIR= = 0)                //当前楼层在 3 楼, 判断电梯是否处于上行中
            {
            for (i= 2; i< 6; i++ )
            if(LED_ STR[i]! = 11)Moveto(i+ 1);
            //判断 3 楼以上的按键是否按下, 如按下则移动到相应的楼层
            if(LED_ STR[3]= = 11&&LED_ STR[4]= = 11&&LED_ STR[5]= = 11)DIR= 1;
            //若 3 楼以上无按键按下则判断 3 楼以下的按键是否按下
            }
            else                            //电梯处于下行中
            {
```

```
                if(LED_ STR[1]!＝11)Moveto(2);        //如果2楼有按键按下则移动到2楼
                else if(LED_ STR[0]!＝11)Moveto(1);    //如果1楼有按键按下则移动到1楼
                else DIR＝0;                            //否则判断3楼以上是否有按键按下
            } break;
            case 4: if (DIR＝＝0)           //当前楼层在4楼，判断电梯是否处于上行中
            {
                for (i＝3; i＜6; i++ )
                if(LED_ STR[i]!＝11)Moveto(i＋1);
                //判断4楼以上的按键是否按下，如按下则移动到相应的楼层
                if(LED_ STR[4]＝＝11&&LED_ STR[5]＝＝11)DIR＝1;
                //若4楼以上无按键按下则判断4楼以下的按键是否按下
            }
            else                            //电梯处于下行中
            {
                for (j＝2; j!＝255; j－－)
                if(LED_ STR[j]!＝11)Moveto(j＋1);
                //判断4楼以下的按键是否按下，如按下则移动到相应的楼层
                if(LED_ STR[0]＝＝11&&LED_ STR[1]＝＝11&&LED_ STR[2]＝＝11)DIR＝0;
                //否则判断4楼以上是否有按键按下
            } break;
            case 5: if (DIR＝＝0)              //当前楼层在5楼，判断电梯是否处于上行中
            {
                for (i＝4; i＜6; i++ )
                if(LED_ STR[i]!＝11)Moveto(i＋1);        //如果6楼有按键按下则移动到6楼
                if(LED_ STR[5]＝＝11)DIR＝1;
                //若5楼以上无按键按下则判断5楼以下的按键是否按下
            }
            else                            //电梯处于下行中
            {
                for (j＝3; j!＝255; j－－)
                if(LED_ STR[j]!＝11)Moveto(j＋1);
                //判断5楼以下的按键是否按下，如按下则移动到相应的楼层
                if(LED_ STR[0]＝＝11&&LED_ STR[1]＝＝11&&LED_ STR[2]＝＝11&&LED_ STR[3]＝＝11)DIR
                ＝0;
                //否则判断5楼以上是否有按键按下
            } break;
            case 6: for (i＝5; i!＝255; i－－)
            //当前楼层在6楼，判断其余楼层的按键是否按下，如按下则移动到相应的楼层
                if(LED_ STR[i]!＝11)Moveto(i＋1);    break;
default:    break;
        }
    }
}
void Fuwei(void)                            //初始电梯复位子程序
{
```

```c
  unsigned int i, j;
  LED_ STR[0]= 1;                         //数码管 DS7 显示即将到达楼层为 1 楼
  Setonoff(1);                            //液晶显示"开门"
  Clear();                                //液晶清屏
  SHOW_ CLOSE;                            //液晶显示"关门"
  FAN;                                    //开始关门(直流电机开始逆时针转动)
  while(! K1);                            //等待电梯门完全关闭
  SHOW_ DOORCLOSE;                        //液晶显示"门关"
  STOP;                                   //直流电机停止转动
  Wait_ time(1);
  DIR= 1;                                 //步进电机方向为逆时针
  SHOW_ DOWN;                             //液晶显示"下行"
  while (YX= = 0)                         //步进电机挡片未到右限位则继续转动
  {
    STEP;                                 //向步进电机发脉冲
    for(j= 0; j< 100; j++ );              //延时
  }
  DIR= 0;                                 //步进电机方向为顺时针
  for (i= 0; i< 1100; i++ )               //步进电机指针到零刻度
  {
    STEP;                                 //向步进电机发脉冲
    for(j= 0; j< 100; j++ );              //延时
  }
  SHOW_ DOORCLOSE ;                       //液晶显示"门关"
  LED_ STR[0]= 11;                        //DS7 数码管熄灭
  NOW_ FLOOR= 1;                          //数码管 DS1 显示当前楼层为 1 楼


}
unsigned char Key(void)                   //4×4 按键子程序
{
  unsigned char temp;
  unsigned int k_ time;
  K_ IO= 0xf0;
  if (K_ IO! = 0xf0)
  {
    k_ time++ ;
    if (k_ time= = 10)
    {
      temp= K_ IO;
      K_ IO= temp| 0x0f;
      temp= K_ IO;
      switch (temp)
      {
        case 0xee: LED_ STR[0]= 1; if(LED_ STR[0]= = NOW_ FLOOR) LED_ STR[0]= 11;    return 1;
        //1 楼键, 若在当前楼层则按键无效, 数码管无显示
```

```
        case 0xde: LED_ STR[1]= 2; if(LED_ STR[1]= = NOW_ FLOOR)LED_ STR[1]= 11;    return 2;
        //2楼键，若在当前楼层则按键无效，数码管无显示
        case 0xbe: LED_ STR[2]= 3; if(LED_ STR[2]= = NOW_ FLOOR)LED_ STR[2]= 11;    return 3;
        //3楼键，若在当前楼层则按键无效，数码管无显示
        case 0xed: LED_ STR[3]= 4; if(LED_ STR[3]= = NOW_ FLOOR)LED_ STR[3]= 11;    return 4;
        //4楼键，若在当前楼层则按键无效，数码管无显示
        case 0xdd: LED_ STR[4]= 5; if(LED_ STR[4]= = NOW_ FLOOR)LED_ STR[4]= 11;    return 5;
        //5楼键，若在当前楼层则按键无效，数码管无显示
        case 0xbd: LED_ STR[5]= 6; if(LED_ STR[5]= = NOW_ FLOOR)LED_ STR[5]= 11;    return 6;
        //6楼键，若在当前楼层则按键无效，数码管无显示
        case 0x7e: Second= 13; return 0xf1;      //开门键
        case 0x7d: Second= 11; return 0xf2;      //关门键
        case 0x7b: flag_ alarm= 1; return 0xf3;    //报警键
        case 0x77: flag_ alarm= 0; return 0xf4;     //消除报警键
        default:   return 0xff;
      }
    }
  }
  else k_ time= 0;
  return 0xff;
}
void Inmove(void)                          //一厘米/一层楼
{
  unsigned int i, j;
  for (i= 0; i< 1377; i++ )
  {
    STEP;                                //向步进电机发脉冲
    for(j= 0; j< 100; j++ );              //延时
  }
}
void Moveto(unsigned char floor)
{
  unsigned char i, add_ temp;
  if (floor> NOW_ FLOOR)                  //判断设置楼层高于当前楼层
  {
    add_ temp= floor- NOW_ FLOOR;            //取差值
    SHOW_ UP;                           //液晶上行显示
    DIR= 0;                             //步进电机方向为顺时针
    for (i= 0; i< add_ temp; i++ )          //移动相差的楼层数
```

```
    {
      Inmove();                          //移动一厘米/一个楼层
      NOW_ FLOOR++ ;                     //当前楼层显示
      if(LED_ STR[NOW_ FLOOR- 1]! = 11)break;      //如当前楼层有按键按下则跳出循环
    }
  }
  if (floor< NOW_ FLOOR)                 //判断设置楼层低于当前楼层
  {
    add_ temp= NOW_ FLOOR- floor;        //取差值
    SHOW_ DOWN;                          //液晶下行显示
    DIR= 1;                              //步进电机方向为逆时针
    for (i= 0; i< add_ temp; i++ )       //移动相差的楼层数
    {
      Inmove();                          //移动一厘米/一个楼层
      NOW_ FLOOR- - ;                    //当前楼层显示
      if(LED_ STR[NOW_ FLOOR- 1]! = 11)break;      //如当前楼层有按键按下则跳出循环
    }
  }
  LED_ STR[NOW_ FLOOR- 1]= 11;           //到达该楼层时该楼层的数码管显示熄灭
  Open:
  SHOW_ OPEN;                            //液晶显示"开门"
  ZHEN;                                  //开始开门(直流电机开始顺时针转动)
  while(! K1)                            //等待开门到位
  {
    if (Second= = 11)break;             //如关门键按下则跳出开门到位等待
  }
  SHOW_ DOOROPEN;                        //液晶显示"门开"
  STOP;                                  //停止开门(直流电机停止转动)
  if(Second! = 11)Wait_ time(2);        //如没按下关门键则等待 2s
  SHOW_ CLOSE;                           //液晶显示"关门"
  FAN;                                   //开始关门(直流电机开始逆时针转动)
  while(! K1)                            //等待关门到位
  {
    if (Second= = 13)                   //如开门键按下则跳转到 open 处
    {
      STOP;                              //停止关门(直流电机停止转动)
      goto Open;                         //跳转到 Open 处
    }
  }
  SHOW_ DOORCLOSE;                       //液晶显示"门关"
  STOP;                                  //停止关门(直流电机停止转动)
}
```

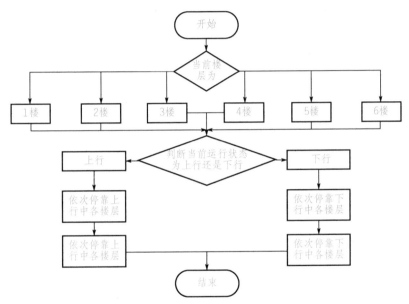

3. 程序说明

本程序主要通过按键函数来实现对模拟电梯的控制。其中设置一个变量 NOW_FLOOR，用来记录当前电梯的所在楼层，通过当前楼层来判断电梯是上行还是下行。定义了一个数组 LED_STR[]，用来保存被按下的楼层。编写了一个电梯运行子程序 void Moveto(unsigned char floor)，这个子程序根据当前楼层来移动到目标楼层并对其开关门进行操作。通过扫描数组，来找到电梯运行的目标楼层，调用 Moveto()子程序后，就可以让电梯运行到目标楼层。

在电梯内部控制面板项目中，需要让电梯能够按照正在运行的方向，把按下所需到达的楼层进行排序。从而决定先到哪儿，再到哪儿。

楼层优先级具体的编程思路见图 9-13。

图 9-13　电梯优先级判断流程图

本程序通过使用 switch 语句，判断当前楼层，从而对应当前楼层，做出不同的顺序判断，达到电梯自动运行的目的。

9.3.2.5　任务实施步骤

(1)硬件电路连接。按照图 9-8 所示的硬件电路接线图，选择所需的模块并进行布局，然后将电源模块、主机模块和数码管显示模块、矩阵键盘和步进电机模块用导线进行连接。单片机使用仿真器的仿真头来代替接入。

(2)打开 MedWin 软件，通过执行菜单"项目管理"→"新建项目"命令，新建立一个项目文件 DIANTI，然后再建一个文件名为 DIANTI.C 的源程序文件并添加到项目中，将上面的参考程序输入并保存。

(3)对源程序进行编译和链接，生成目标代码并写入到单片机中。

（4）给装置接通电源运行，观察步进电机是否复位，通过按键操作检测系统工作是否能达到要求。

（5）进行扎线，整理。

9.3.2.6　任务评价

任务完成后要填写任务评价表，见表9-5。

表 9-5　任务二完成情况评价表

任务名称				评价时间		年　　月　　日	
小组名称			小组成员				
评价内容	评价要求	权重	评价标准	学生自评得分	小组评价得分	教师评价得分	合计
职业与安全意识	（1）工具摆放、操作符合安全操作规程； （2）遵守纪律，爱惜设备和器材，工位整洁； （3）具有团队协作精神	10%	好(10) 较好(8) 一般(6) 差(<6)				
模块的布局和布线工艺	（1）模块布局合理，模块的选择应符合要求； （2）根据需要选择不同颜色的导线进行连接，导线连接应可靠，走线合理，扎线整齐、美观	15%	好(15) 较好(12) 一般(9) 差(<9)				
任务功能测试	（1）编写的程序能成功编译； （2）程序能正确烧写到芯片中； （3）能按任务要求使步进电机复位； （4）能够通过对应按键的操作使模拟电梯正常运行	60%	好(60) 较好(45) 一般(30) 差(<30)				
问题与思考	（1）如何使电梯运行效率最高？ （2）说明电梯响应优先级的判定顺序； （3）如何实现电梯优先级判定程序的编写	15%	好(15) 较好(12) 一般(9) 差(<6)				
教师签名			学生签名		总分		
任务评价＝学生自评(0.2)＋小组评价(0.3)＋教师评价(0.5)							

9.4　知识拓展

在自动控制领域中，步进电机的使用占据着相当大的比例，可步进电机的自身特性决定了其使用特点，经常在调试过程中会发现步进电机丢步、堵转和定位不准现象，遇到这种情况不要着急，更不要因此而否定所选用步进电机的型号大小，一定要冷静观察分析出现该现象的原因，由此找出解决之道！

步进电机的丢步及定位不准，一般由以下几方面原因引起：

(1)改变方向时丢脉冲，表现为往任何一个方向都准，但一改变方向就累计偏差，并且次数越多偏得越多。

(2)初速度太高，加速度太大，引起有时丢步。

(3)在用同步带的场合软件补偿太多或太少。

(4)电机力量不够。

(5)控制器受干扰引起误动作。

(6)驱动器受干扰引起。

(7)软件缺陷。

针对以上问题分析如下：

(1)一般的步进驱动器对方向和脉冲信号都有一定的要求，如：方向信号在第一个脉冲上升沿或下降沿(不同的驱动器要求不一样)到来前应在数微秒被确定，否则会有一个脉冲所运转的角度与实际需要的转向相反，最后故障现象表现为越走越偏，细分越小越明显，解决办法主要是用软件改变发送脉冲的逻辑或加延时。

(2)由于步进电机特点决定初速度不能太高，尤其带的负载惯量较大情况下，建议初速度在1圈/秒以下，这样冲击较小，同样加速度太大对系统冲击也大，容易过冲，导致定位不准；电机正转和反转之间应有一定的暂停时间，若没有就会因反向加速度太大引起过冲。

(3)根据实际情况调整被偿参数值，因为同步带弹性形变较大，所以改变方向时需加一定的补偿。

(4)适当地增大电动机电流，提高驱动器电压(注意选配驱动器)，选扭矩大一些的电动机。

(5)系统的干扰引起控制器或驱动器的误动作，我们只能想办法找出干扰源，降低其干扰能力(如屏蔽、加大间隔距离等)，切断传播途径，提高自身的抗干扰能力，常见措施：

①用双纹屏蔽线代替普通导线，系统中信号线与大电流或大电压变化导线分开布线，降低电磁干扰能力。

②用电源滤波器把来自电网的干扰波滤掉，条件许可下在各用电设备的输入端加电源滤波器，降低系统内各设备之间的干扰。

③设备之间最好用光电隔离器件进行信号传送，在条件许可下，脉冲和方向信号最好用差分方式加光电隔离进行信号传送。如果工作频率在 20 kHz 以上，感性负载在开始瞬间能产生 10～100 倍的尖峰电压，所以要在感性负载(如电磁继电器、电磁阀)两端加阻容吸收或快速泄放电路。

(6)软件做一些容错处理，把干扰带来的影响消除。

9.5 思考与练习

1. 使用 YL—236 单片机实训考核装置完成任务一步进电机水平位移控制器的模拟制作。

2. 使用 YL—236 单片机实训考核装置完成任务二电梯轿厢内部控制系统的模拟制作。

3. 考虑一下，步进电机复位除了使用右限位光电开关(RL)之外，能不能使用别的方法进行复位操作?

4. 在实际操控过程中，步进电机启动时突然输入高频 CP 脉冲会导致丢步的情况发生。思考如何解决步进电机丢步的问题，并画出解决方法流程图。

参 考 文 献

[1] 王静霞. 单片机应用技术(C语言版)(第4版)[M]. 电子工业出版社，2019.

[2] 周润景. 单片机技术及应用[M]. 电子工业出版社，2017.

[3] 黄勤. 单片机原理及应用——嵌入式技术基础(第2版)[M]. 清华大学出版社，2018.

[4] 葛金印. 单片机控制项目训练教程[M]. 北京：高等教育出版社，2010.

[5] 胡长胜. 单片机原理及应用(第2版)[M]. 北京：高等教育出版社，2015.

[6] 王玉民. 单片机应用技术(第2版)[M]. 北京：高等教育出版社，2014.

[7] 刘同法. 增强型80C51单片机初学之路·动手系列[M]. 北京航空航天大学出版社，2010.

[8] 刘建清. 轻松玩转51单片机C语言[M]. 北京航空航天大学出版社，2011.

[9] 郭天祥. 新概念51单片机C语言教程——入门、提高、开发[M]. 电子工业出版社，2009.

[10] 赵建领. 零基础学单片机C语言程序设计[M]. 机械工业出版社，2012.